내 마음을 치유하는
테라리움 교과서

테라리움의 세계를 깊고 넓고
따뜻하게 안내하는 여정

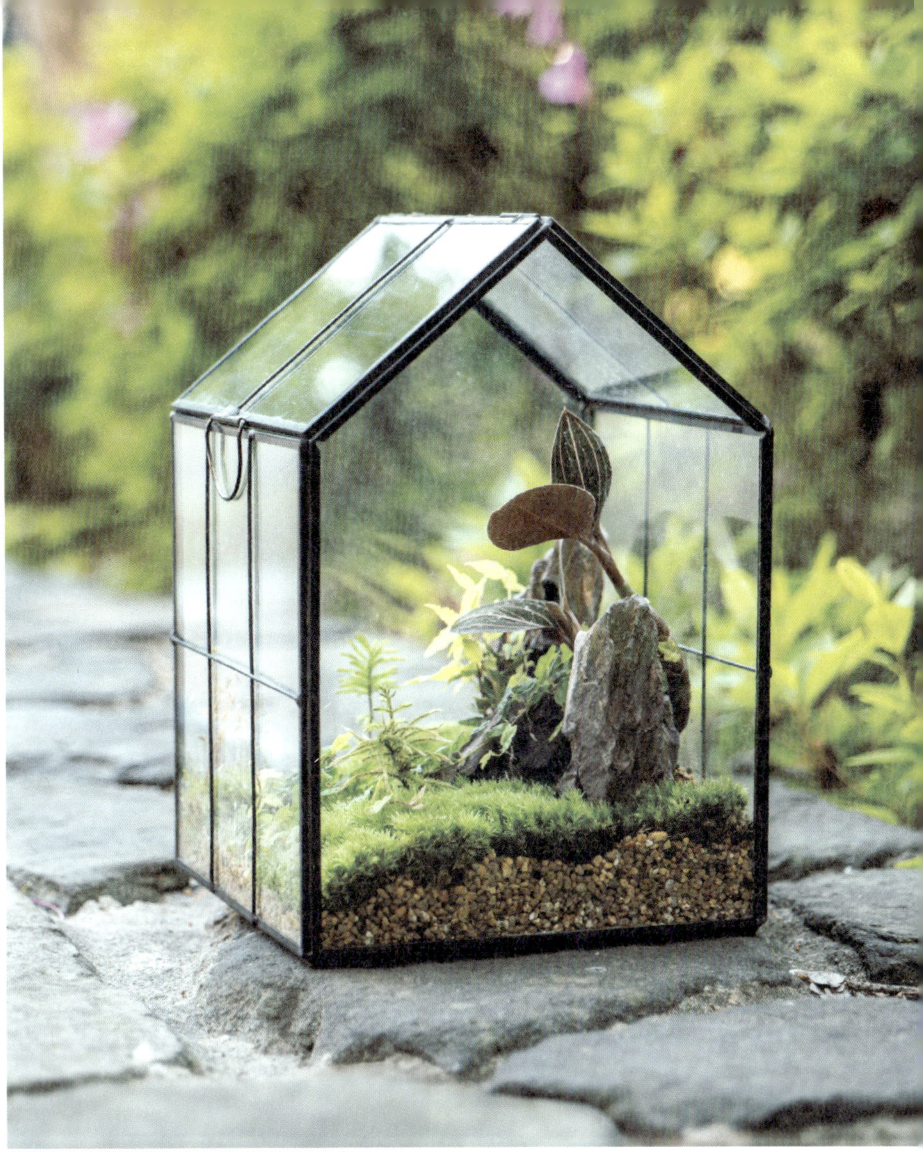

내 마음을 치유하는

테라리움 교과서

글 임순옥, 전미현, 한성용
사진 윤혜영

ReSeePic

들어가며

유리병 안에 식물을 심는다는 것은

빠르게 흐르는 도시의 삶 속에서 자연은 어느새 일상 너머의 풍경이 되어버렸습니다. 새벽이슬, 바람의 결, 흙의 감촉처럼 익숙했던 자연의 요소들은 점점 멀어졌고, 이제는 그 기억조차 희미해져 가는 듯합니다. 가끔은 꿈속에서조차 자연을 그리워하고, 나이가 들수록 그 그리움은 더 깊어집니다.

최근 유행하는 테라리움 속 식물들을 바라보며 생각해 봅니다.

이 작은 정원은 어쩌면 마음속에 남은 자연의 기억에서 피어난 '사유의 뜰'이 아닐까요? 유리병 안에 식물을 심는다는 것은 자연을 가두는 일이 아니라, 자연을 그리워하는 기억으로 다시 연결되고자 하는 바람일지 모릅니다. 작은 생태계 하나를 손으로 조심스럽게 꾸려가는 동안, 우리는 자연을 '돌보는' 마음을 다시 배웁니다.

식물은 말하지 않지만, 때에 따라 우리에게 신호를 보냅니다. 빛이 부족할 때, 물이 지나칠 때. 뿌리가 공간을 찾을 때, 식물은 조용한 몸짓으로 자신의 상태를 이야기합니다. 그 신호에 귀 기울이는 일은 곧 나 자신을 듣는 일과 다르지 않습니다. 식물에게 관심을 기울이고, 온도를 살피며, 하루하루를 같이 살아가는 일이 결국 나를 돌보는 일이기도 한 것을 우리는 조금씩 깨닫습니다.

테라리움은 우리 안에 남아 있는 자연 회귀의 본능을 자극합니다. 작은 유리병 속에서 피어나는 초록은 단지 식물이 아니라, 잊고 지낸 감수성, 그리고 자연과 연결되어 살아가야 한다는 삶의 원리를 상기시켜 줍니다.

지금 우리가 마주한 기후 위기는 더 이상 자연을 외면해서는 안 된다는 절실한 경고입니다. 이제는 자연을 이해하는 것을 넘어, 자연과 함께 살아가는 법을 다시 배워야 할 때입니다. 한 손 안에 들어오는 자연의 풍경을 통해 거대한 지구의 질서를 다시 바라보는 이야기. 나만의 작은 숲을 가꾸는 일이 어쩌면 이 시대에 가장 고요하고 따뜻한 환경보호가 될 수 있음을 테라리움은 조용히 말해 줍니다.

본 서는 테라리움의 기초적인 이해부터 실용적 제작 방법, 스타일별 응용법에 이르기까지 폭넓은 내용을 체계적으로 정리하여, 입문자부터 실무자까지 모두가 쉽게 이해하고 활용할 수 있도록 구성하였습니다.

본 서를 통해 당신만의 테라리움 여정이 시작되기를 바랍니다. 작고 빛나는 작은 정원에서 삶은 조금 더 천천히, 그리고 평화롭게 피어나기 시작할 것입니다.

또한, 테라리움의 세계를 깊고 넓게, 그리고 따뜻하게 안내하는 여정이 될 것입니다. 유리병 속 작은 자연을 통해 나만의 치유 공간을 만들고, 그 안에서 힐링과 영감을 얻을 수 있기를 바랍니다. 이제, 당신의 손끝에서 시작되는 작은 병 속에서는 어떤 꿈의 정원이 펼쳐질지를 기대해 볼까요?

2025. 10월
저자 일동

목차

들어가며 • *4*

PART 1. 초록 우주, 테라리움을 이해하다 • *10*

1. 생태학의 관점에서 바라본 테라리움 · **14**
2. 테라리움의 정의 · **17**
3. 테라리움의 역사 · **18**
4. 테라리움의 종류 · **20**
   1) 형태에 따른 분류
      ① 밀폐형 테라리움(Closed Terrarium)
      ② 개방형 테라리움(Open Terrarium)
   2) 생태 및 사육 목적에 따른 분류(비바리움의 종류)
      ① 테라리움(Terrarium)
      ② 아쿠아리움(Aquarium)
      ③ 팔루다리움(Paludarium)
      ④ 리파리움(Riparium)
      ⑤ 포미카리움(Formicarium)
      ⑥ 인섹타리움(Insectarium)
      ⑦ 헤르페타리움(Herpetarium)
      ⑧ 에어비어리(Aviary)

5. 테라리움의 원리　　　　　　　　　　　　　　　　　　　　25

　　1) 광합성(Photosynthesis)

　　2) 증산작용(Transpiration)

　　3) 기체교환(Gas Exchange)

　　4) 수분순환(Water Cycle)

　　5) 미생물과 분해작용(Microorganisms and Decomposition)

6. 테라리움의 환경조건　　　　　　　　　　　　　　　　　　28

　　1) 광환경(Light Environment)

　　2) 수분 및 습도 조절(Hydration & Relative Humidity)

　　3) 온도 조건(Thermal Conditions)

　　4) 공기 질 및 환기 조건(Air Quality & Ventilation)

　　5) 토양 및 기질 조건(Substrate Ecology)

7. 테라리움의 재료　　　　　　　　　　　　　　　　　　　　31

　　1) 식물(Plants)

　　2) 흙(Soil)

　　3) 돌(Stone)

　　4) 투명 용기(A transparent container)

　　5) 유목(Driftwood)

　　6) 피규어(Miniature Figurines)

8. 테라리움의 제작 기법　　　　　　　　　　　　　　　　　　42

　　1) 테라리움 식물 식재 방법

　　2) 디자인 스타일별 식물 배치 전략

　　　　① 정글형(Jungle Style)

　　　　② 사막형(Desert Style)

　　　　③ 판타지형(Fantasy Style)

　　　　④ 자연풍(Natural Landscape Style)

　　　　⑤ 미니멀형(Minimal Style)

PART 2. 녹색결, 이끼를 이해하다 · 48

1. 이끼의 기본 이해   **54**

    1) 생명이 생명을 부르는 놀라운 세계, 이끼 숲

    2) 자연과의 연결고리인 이끼의 가치

    3) 이끼 각부의 명칭

    4) 이끼 예찬

    5) 이끼의 세 가지 특성

2. 국내에서 테라리움에 자주 사용되는 이끼 14종   **60**

3. 이끼 관리 방법 5가지   **67**

    1) 빛(광량 조절)

    2) 물(습도 및 물 주기)

    3) 관리 온도

    4) 환기(공기 순환)

    5) 비료(영양)

4. 이끼 채취의 윤리와 지속 가능한 테라리움 문화   **70**

    1) 이끼의 매혹과 그늘

    2) 느리게 자라는 생명

    3) 도시의 이끼, 누구의 것인가?

    4) 지속 가능한 테라리움 문화에서 지켜야 할 세 가지 대안

5. 이끼 검역(소독)   **72**

6. Q&A   **73**

PART 3. 작은 숲, 테라리움을 만들다 · 76

1. 제작 과정 10가지 · **80**
   1) 온실 속 자연 그대로
   2) 이끼 언덕과 계단 정원
   3) 포식자의 정글
   4) 작은 거북이의 나무 여행
   5) 사슴이 머무는 온실
   6) 화산섬의 작은 숲
   7) 이끼 벽 정원
   8) 고요한 이끼 행성
   9) 오각형 속 다육정원
   10) 햇살 아래 숨 쉬는 식충의 세계

2. 식물 관리 요령 · **100**
   1) 광 관리
   2) 물 주기 및 습도 관리
   3) 온도 관리

3. 테라리움의 관리 요령 · **101**
   1) 테라리움의 형태 유지를 위한 요령
   2) 병해충 발생 시 관리 요령
   3) 테라리움 내 병해충 예방
   4) 테라리움 내 병해충 관리 방법

4. 테라리움의 정서적 효과 · **106**

감사의 글 · **108**
참고문헌 · **114**

Part.1
초록 우주, 테라리움을 이해하다

초록 우주,
테라리움을 이해하다

    생태학적 관점에서 테라리움을 '유리병 속 생태계, 우리가 회복해야 할 자연의 축소판'이라고 정의할 수 있다.

    21세기 인류는 '기후 위기'라는 복합적 재난의 시대를 맞이하고 있다. 이상기후, 생물 다양성 급감, 도시 열섬현상, 미세먼지와 토양 오염 등은 인류 생존을 위협하는 심각한 문제로 다가오며, 이제는 단순한 환경보호를 넘어 '지구 시스템의 복원'을 위한 총체적인 이해와 실천이 요구되는 시대이다.

    이러한 시대적 흐름 속에서 생태학(Ecology)은 인간과 자연의 관계를 성찰하고 생명 공동체의 지속 가능성을 모색하게 하는 핵심 학문으로 주목받는다. 생태학적 관점은 '모든 생명은 연결되어 있다'는 인식에서 출발하며, 이 조화가 깨어질 때 인간 역시 안전할 수 없음을 경고한다.

바로 이 점에서 테라리움은 단순한 원예 취미나 인테리어 소품을 넘어서는 의미를 갖는다. 테라리움은 생태적 감수성을 일깨우는 교육 도구이자 철학적 실천의 장이다. 작은 유리 용기 안에서 축소된 생태계를 구성하며, 물의 증발과 응결, 식물의 광합성과 호흡, 미생물의 유기물 분해와 순환 등 모든 자연의 과정, 생태계 축소판을 경험할 수 있다.

그 속에 놓인 이끼 한 포기, 고사리 한 줄기는 단순한 장식물이 아니다. 그들은 '자연은 조절되지 않아도 균형을 유지하는 힘이 있다'는 메시지를 전달하며, 인간 중심의 인공 환경과의 대비 속에서 자연 본연의 자율성과 회복력을 상기시켜 준다.

무엇보다 테라리움은 인간 내면에 깊숙이 자리 잡은 '자연 회귀 욕구'를 충족시키는 창구가 되기도 한다. 도시화와 산업화는 인간으로부터 흙의 감촉, 식물의 향, 생명의 리듬을 앗아갔지만, 우리는 여전히 자연을 그리워한다. 작은 생명과의 교감을 통해 존재의 균형을 되찾으려는 이러한 심리적·생물학적 본능은 '바이오필리아(Biophilia)'라는 개념으로 설명된다. 테라리움은 인간 본연의 생태적 본능과 자연에 대한 애착을 되살리며, 작은 공간 속에서 '자연을 돌본다는 것'의 의미를 되새기게 한다.

나아가 우리는 테라리움을 통해 단절된 자연과의 관계를 회복하고, 작은 실천이 거대한 생태적 전환으로 이어질 수 있다는 믿음을 키울 수 있다.

1. 생태학의 관점에서 바라본 테라리움

생태학(Ecology)은 생명체와 환경 간의 상호작용을 연구하는 과학으로, 그리스어 '오이코스(oikos, 집)'와 '로고스(logos, 학문)'에서 유래했다. 이는 단순히 생물만을 연구하는 것이 아닌, 생물과 생육환경 요소(빛, 물, 흙, 온도, 대기 등)가 어떻게 얽혀 하나의 생태계를 이루는지를 총체적으로 바라보는 학문이다. 생태학은 자연을 이해하는 기초적인 언성이자 사고의 큰 틀이며, 인간이 자연과 조화롭게 공존하기 위해 반드시 알아야 할 과학이다.

테라리움이라는 작은 생태계 안에서도 기후, 물질 순환, 에너지 흐름, 종 다양성과 같은 생태학적 원리가 작동한다. 식물이 뿌리를 내리고, 물이 증발하며, 미생물이 유기물을 분해하는 과정은 대자연의 축소판이자 생명의 교향곡이다. 이 작은 공간을 이해하고 설계하는 것은 곧 생태계를 이해하는 통로가 된다.

1) 생태계의 구조와 기능

생태계(ecosystem)는 생물적 요소(생물 군집)와 무생물적 요소(환경 요인)가 상호작용을 하며 에너지를 순환시키고 물질을 교환하는 통합된 단위이다. 그 구성은 다음과 같다.

① **생산자(Producer)** 광합성을 통해 에너지를 만들어내는 존재로, 테라리움 내에서는 이끼, 고사리, 소형 식물들이 이에 해당한다.

② **소비자(Consumer)** 다른 생물을 먹고 에너지를 얻는 동물로, 일반 테라리움에는 많지 않지만, 팔루다리움이나 미니 동물 테라리움에서는 이끼게, 달팽이 등 소형 생물이 포함되기도 한다..

③ **분해자(Decomposer)** 죽은 생물을 분해하여 무기물로 환원시키는 박테리아나 곰팡이로, 밀폐형 테라리움 내에서도 필수적인 균형 유지자다.

생태계는 이들 간의 물질 순환(nutrient cycling)과 에너지 흐름(energy flow)을 통해 지속 가능성을 유지한다. 테라리움에서도 빛은 에너지의 시작점이며, 물은 모든 생명 작용의 매개체다. 우리는 이 미시 생태계 안에서 거대한 자연법칙의 일부를 직접 다루는 셈이다.

2) 개체군과 생물 다양성

생태학은 개별 생물 개체가 아닌, 개체군(population)이라는 단위로 생물을 분석한다. 개체군은 같은 종의 개체가 특정 시간과 공간 안에서 상호작용을 하며 살아가는 집단으로, 생태계의 안정성과 지속성에 직접적인 영향을 미친다. 테라리움에서는 제한된 공간과 자원 안에서 생물 간의 경쟁, 공간 점유, 성장 속도, 생존 전략이 더욱 극명하게 드러난다. 이끼의 번식력, 양치식물의 음지 적응성, 덩굴식물의 확산 전략 등은 작은 생태계 안에서도 각기 다른 전략으로 자리를 차지하며 생존한다. 또한, 생물 다양성(biodiversity)은 생태계의 회복 탄력성과 직결된다. 단일 종보다 다양한 종이 존재할 때 생태계는 외부 스트레스에 더욱 유연하게 대처할 수 있다. 이는 테라리움에서도 유효하며, 하나의 식물이 병에 걸려도 전체 시스템이 붕괴하지 않도록 하는 중요한 요소다.

3) 환경 압력과 생물의 반응

모든 생태계는 외부와 완전히 단절될 수 없으며, 다양한 환경 압력(environmental stress)을 받고 이에 반응한다. 온도, 습도, 빛, 자원 분포 등은 생물의 생존에 지대한 영향을 미치며, 이러한 압력에 대한 생물의 반응을 우리는 적응(adaptation) 또는 스트레스 반응이라고 부른다. 예를 들어, 테라리움 내부의 과도한 습도는 곰팡이 번식이나 이끼 부패의 원인이 될 수 있고, 빛의 부족은 식물의 웃자람이나 광합성 저하를 초래한다. 반대로, 너무 강한 광선은 엽록소 파괴로 이어진다. 이러한 변수에 대해 미세 조정을 가하면서 우리는 생태계에 '간섭자'가 아니라 '관리자'로서 참여하게 된다. 자연에서는 이러한 환경 압력이 종 분화와 생태계 구조 재편을 불러일으키며, 테라리움에서도 비슷한 방식으로 생물의 위치, 조합, 수분 공급 방식 등이 점진적으로 조절되며 하나의 미시 생태계가 자생력을 갖춰간다.

4) 인간과 생태계의 재연결

오늘날 우리는 기후 위기, 생물 다양성 감소, 환경오염 등 심각한 생태적 불균형을 마주하고 있다. 이는 인간과 자연의 단절, 인간 중심적 사고에서 기인한 문제다. 테라리움은 이러한 현대인에게 작지만, 깊은 성찰의 공간이 된다. 작은 유리병 속에서 우리는 '자연을 설계하면서 동시에 자연에 순응해야 함'을 배운다. 생태학은 인간이 자연의 주인이 아닌, 거대한 생명망의 일부임을 일깨워준다. 테라리움은 그 생명망의 축소판이며, 손 안의 숲을 통해 우리는 거대한 자연을 다시 바라보고, 일상의 속도에서 벗어나 생태적 감수성을 회복하게 된다.

2. 테라리움의 정의

테라리움(Terrarium)은 라틴어로 '땅(terra)'과 '장소, 공간(arium)'의 합성어로, 투명한 유리 또는 플라스틱 용기 안에 흙, 식물, 돌, 이끼 등 자연 소재를 이용하여 작은 생태계를 조성한 것을 의미한다. 테라리움은 밀폐형과 개방형으로 나뉘는데, 밀폐형은 공기와 수분이 순환하는 독립적인 생태계를 형성하는 반면, 개방형은 외부 환경과 지속적으로 공기 교환이 이루어지는 형태다. 테라리움은 본래 영국에서 식물의 생장 과정을 관찰하기 위한 실험에서 시작되어 점차 원예 및 실내 장식의 형태로 발전했다.

데이비드 라티머의 자생형 테라리움: 살아 있는 생태계의 증명

1960년, 영국의 데이비드 라티머(David Latimer)는 순수한 호기심에서 한 가지 실험을 시도했다. 그는 약 40리터 용량의 대형 유리병에 달개비류 식물 몇 촉을 심은 후, 병 입구를 완전히 밀봉하여 실내에 비치해 두었다. 이 단순한 실험은 이후 예상치 못한 결과를 낳으며, 오늘날까지도 "세계에서 가장 오래된 테라리움"으로 기록되고 있다.

라티머는 이 테라리움에 대해 특별한 관리를 하지 않았으며, 1972년 물을 한 번 보충한 이후로는 어떠한 간섭도 하지 않았다. 그럼에도 불구하고, 병 속의 식물은 수십 년 동안 건강한 상태로 자랐으며, 2013년 현재까지도 내부 생태계는 자생적으로 유지되고 있다. 이 놀라운 현상은 밀폐된 공간에서도 자연 생태계의 핵심 순환 메커니즘이 작동함을 보여주는 생생한 사례로 주목받는다. (출처:ICISTS-KAIST블로그)

테라리움은 생태적 순환 시스템에 기반한다

① 광합성 작용

식물은 유리병 외부에서 들어오는 빛을 에너지원으로 활용하여 이산화탄소와 수분을 흡수하고, 산소와 수증기를 방출한다.

② 수분 순환

병 안에 증발한 수분은 유리벽에 응결되어 물방울을 형성하고, 이는 다시 토양으로 흘러 들어가 식물에 필요한 수분을 재공급한다.

③ 공기 순환

광합성과 호흡 작용을 통해 생성되고 소비되는 산소와 이산화탄소는 병 안에서 균형을 이루며, 식물 생존에 필요한 대기 조성을 자가 유지한다.

이처럼 유리병이라는 제한된 공간 안에서 이루어진 완전한 순환은 테라리움이 단순한 장식물이나 취미의 영역을 넘어, 자가 유지형 생태계의 축소 모델로서의 과학적 가능성을 보여주는 실질적인 사례가 되었다. 라티머의 테라리움은 이후 생태학, 환경 과학, 지속 가능한 디자인 등의 분야에서도 자주 인용되며, 오늘날 테라리움을 이해하고 설계하는 데 중요한 참고 자료로 활용된다.

3. 테라리움의 역사

테라리움의 시초는 19세기 초(1829년), 영국의 외과 의사이자 식물 애호가였던 너새니얼 백쇼 워드(Nathaniel Bagshaw Ward)의 실험에서 시작되었다. 그는 번데기를 관찰하기 위해 유리병에 흙과 양치식물을 넣고 밀폐시킨 채 방치했는데, 뜻밖에도 이 양치식물이 3년 이상 아무런 관리 없이 생존하는 것을 확인하면서 밀폐 공간 안에서도 식물 생장이 가능하다는 사실을 발견했다.

당시 런던은 산업혁명의 중심지로 대기 중 매연과 유독성 가스가 가득해 정원에서 식물을 재배하기 어려웠다. 식물 애호가였던 워드는 이러한 환경 속에서도 식물을 건강하게 키울 방법을 고심했고, 그의 번데기 관찰 실험이 돌파구가 되었다. 그는 이 실험을 토대로 밀폐된 유리 용기가 식물을 외부 오염으로부터 보호하고 내부에서 자체적인 생태 순환을 유지할 수 있음을 직관적으로 이해했다.

워드는 이 아이디어를 확장해 유리 상자 형태의 식물 재배 용기를 고안했으며, 1830년대에는 이를 이용한 식물 운반 실험을 감행했다. 1833년, 그는 이끼와 양치식물을 유리 상자에 밀봉하여 영국 런던에서 호주 시드니까지 배편으로 운송하는 데 성공했다. 당시 수 개월에 걸친 대항해에서 대부분의 식물은 살아남지 못했으나, 워드의 유리 상자 속 식물들은 항해 내내 싱싱한 상태를 유지하며 놀라운 생존율을 보였다. 복귀 항해 시에는 호주 자생식물을 동일한 방식으로 런던까지 운반하는 역방향 실험 역시 성공적인 결과를 얻었다.

이처럼 밀폐 유리 용기를 이용한 식물 보호 및 운반 기술은 워드의 이름을 따 '워디언 케이스(Wardian Case)'라 불리게 되었다. 워디언 케이스는 그 후 수십 년간 식물 수집과 교역, 식물학 연구에서 핵심적인 역할을 하며 전 세계 식물 교류의 물리적 기반을 제공하였다. 특히 영국 제국주의 시기에 인도, 아프리카, 아시아 등지의 자생식물을 본국으로 운반하거나, 반대로 영국의 원예 식물을 식민지로 전파하는 데 없어서는 안 될 도구가 되었다.

워디언 케이스는 단순한 발명품 이상의 의미를 지닌다. 그것은 현대 테라리움의 시초이자, 폐쇄형 생태계의 가능성을 입증한 최초의 사례였으며, 나아가 식물학, 생태학, 환경과학의 발전에도 큰 영향을 미친 기술적 전환점이었다. 워드의 발견은 인간이 만든 인공

환경 속에서도 자연의 순환 원리를 구현할 수 있다는 것을 실증적으로 보여준 것이며, 이는 오늘날 테라리움이 하나의 예술, 과학, 교육 도구로 자리 잡는 데 결정적 기여를 했다.

4. 테라리움의 종류

테라리움은 유리 용기 속에 식물을 심어 소형 생태계를 구성하는 방식으로, 공간의 크기나 형태, 목적에 따라 여러 유형으로 나뉜다. 이에 따라 식물의 선택 기준과 제작 방식, 필요한 재료도 달라지므로, 테라리움 제작에 앞서 각각의 특성과 구성 요소에 대한 이해가 필요하다.

1) 형태에 따른 분류

① 밀폐형 테라리움(Closed Terrarium)

- **특징** 뚜껑이나 덮개가 있는 유리 용기를 사용하여 외부와 차단된 환경을 조성하며, 내부는 고습도, 고온 환경으로 유지된다.
- **적합 식물** 이끼류, 양치식물, 필레아, 휘토니아 등 습한 환경을 선호하는 식물이다.
- **장점** 관리가 간편하고 수분 증발이 적어 물을 자주 주지 않아도 된다.
- **주의점** 내부 통풍 부족 시 곰팡이나 부패 발생 가능성이 높으므로, 과도하게 수분이 많을 때는 뚜껑을 열어 환기해 주는 것이 좋다. 물은 분무가 아닌 물주기 방식으로 관리하며, 이끼의 토대에 수분을 유지하게 하는 소재를 사용하고 뚜껑을 잘 닫아두면 3개월에 한 번 정도의 물주기로 유지할 수 있다.

② 개방형 테라리움(Open Terrarium)

- **특징** 입구가 열린 형태로 외부 공기와의 소통이 가능하며 습기가 잘 차지 않는다.
- **적합 식물** 다육식물, 선인장, 공기정화식물 등 건조하고 밝은 환경을 선호하는 식물이다.
- **장점** 곰팡이 발생 위험이 적고 다양한 장식 요소를 더할 수 있다.
- **주의점** 습기가 머무르지 않아 밀폐형 테라리움보다 물이 빨리 증발하므로 주기적인 물주기가 중요하다. 식물 관리 시 물 주기와 채광 관리에 주의가 필요하다.

그 외 생물 사육 목적에 따른 인공 생태계 총칭 '비바리움'의 종류를 알아보자. 비바리움은 '생물이 살아갈 수 있는 인공적인 서식 환경'을 뜻하며, 물과 육지의 구성, 식물의 유무, 사육되는 동물의 종류에 따라 여러 세부 유형으로 나뉜다. 각각의 유형을 구조와 목적 중심으로 정리한다.

2) 생태 및 사육 목적에 따른 분류 (비바리움의 종류)

① 테라리움(Terrarium)

- **구조** 물이 없이 육지만 존재하는 형태로, 흙을 넣어 식물을 육성하거나 동물을 사육하는 케이스다. 물이 있는 공간은 없거나 매우 작다.
- **주요 생물** 식물, 소형 곤충, 일부 무척추동물, 소형 파충류 (예: 타란튤라, 스콜피온)
- **특징**   – 투명한 유리 용기에 식물과 소형 생물을 키운다.
  – 밀폐형은 습도 유지에 유리하며 주로 이끼·양치류에 적합하다.
  – 개방형은 통풍이 잘되어 다육식물 등에 적합하다.
- **활용** 인테리어, 미니 정원, 곤충 생태 관찰

② 아쿠아리움(Aquarium)

- **구조**   육지 없이 전체가 물로 채워진 형태로, 물고기 등 수생 생물을 사육하는 케이스다. 물은 가득 채우는 것이 일반적이며, 수족관도 영어로는 아쿠아리움이다.
- **주요 생물**   담수어, 해수어, 수초, 수생 무척추동물
- **특징**   – 어항과 같은 전형적인 수조다.
  - 물의 종류(담수/해수)에 따라 필요한 장비가 다르다.
  - 수초를 함께 키우면 미관과 수질 관리에 도움이 된다.
- **참고**   아쿠아 테라리움(Aquaterrarium) 아쿠아리움과 테라리움을 조합한 조어다. 일본에서는 1980년대 초반부터 잡지 등에서 사용되었고, 현재는 널리 알려진 단어다. 다양한 스타일이 있지만 팔루다리움에 비해 물이 있는 공간이 크고 케이스는 뚜껑이 없는 개방형인 경우가 많다.

③ 팔루다리움(Paludarium)

- **구조**   육지와 물이 함께 존재하는 복합형으로 유럽에서 시작된 레이아웃 스타일이다. 주로 열대우림의 다습 환경을 재현한 케이스이며, 특히 식물 육성에 중점을 둔 것을 팔루다리움이라고 부르는 경우가 많다. 물이 있는 공간은 얕거나 작고, 다습 환경을 유지하기 위해 케이스는 뚜껑이 있는 밀폐형인 경우가 많다.
- **주요 생물**   개구리, 도롱뇽, 새우, 소형어, 민물 게 등을 선택적으로 사용한다.
- **특징**   – '습지 생태계'를 구현한다.
  - 물과 육지를 모두 관리해야 하므로 유지 관리 난도가 높다.
  - 양서류 사육에 매우 적합하다.
- **활용**   고급형 비바리움, 자연형 전시, 종합 생태 관찰

- **참고** 이끼리움(모스리움) 최근 붐이 일고 있는 이끼를 팔루다리움처럼 관리하여 육성하는 케이스를 지칭하는 최근 만들어진 조어다.

④ 리파리움(Riparium)

- **구조** 육지는 없고 수면 위에 식물이 자라는 형태로 수생식물을 심는 디자인이다.
- **주요 생물** 수생식물, 수초, 수서 곤충, 소형어류
- **특징** – '수변 환경'(강가, 연못가 등)을 재현한다.
  – 뿌리는 물에 잠기고 줄기·잎은 물 위로 자란다.
  – 식물은 토분이나 거치대 위에 배치한다.
- **활용** 식물 위주의 수조 꾸미기, 조용한 수생 미학 구현

⑤ 포미카리움(Formicarium)

- **구조** 지하형 통로 구조를 투명하게 구현한 개미 서식장이다.
- **주요 생물** 개미(여왕개미 포함 군체)
- **특징** – 개미의 터널, 행동, 생태 관찰에 최적화되어 있다.
  – 석고, 젤, 흙 등 다양한 재료를 사용한다.
  – 습도 유지 및 먹이 구역이 별도로 설계된다.
- **활용** 생태 수업, 곤충(개미) 생태 관찰을 위한 어린이 체험용 키트로 많이 사용되며, 식물 식재의 유무는 선택 사항이다.

⑥ 인섹타리움(Insectarium)

- **구조** 작은 곤충과 무척추동물을 위한 공간이다.

- **주요 생물** 나비, 딱정벌레, 사마귀, 대형 무척추류 등
- **특징** – 다양한 곤충을 사육·관찰하기 위해 만들어진 구조다.
  – 일부는 식물을 함께 배치해 자연 환경을 묘사하기도 한다.
- **활용** 곤충 생태 전시, 체험 학습장, 박물관에서 볼 수 있는 대형 테라리움

⑦ 헤르페타리움(Herpetarium)

- **구조** 파충류와 양서류를 위한 특수 전시 사육장이다.
- **주요 생물** 도마뱀, 이구아나, 뱀, 개구리 등
- **특징** – 다양한 종에 맞는 UVB 조명, 보온기기, 은신처가 필요하다.
  – 공공기관(동물원 등)에 설치되는 대형 구조다.
  – 특수 유형으로 오피디아리움(Ophidiarium 뱀 전용, 학술적·박물관적 성격이 강함)과 설펜타리움(Serpentarium 뱀 전용, 방문객 교육·체험 중심)이 있다.
- **활용** 파충류 전시 및 연구, 생태 관찰

⑧ 에어비어리(Aviary)

- **구조** 조류를 위한 대형 철망 또는 투명 돔 구조다.
- **주요 생물** 앵무새, 잉꼬, 꿩, 공작 등 다양한 조류
- **특징** – 비행이 가능한 크기의 넓은 공간이 필요하다.
  – 내부에 나무, 횃대, 둥지, 먹이통 등을 설치한다.
  – 일부는 실내에서 운영되기도 한다.
- **활용** 조류 관찰원, 새 공원, 열대 조류 서식 환경 조성 등 놀이공원에서 볼 수 있는 구조

명칭	물/육지구성	주요생물	특징
테라리움	육지만 있음	식물, 곤충, 일부 파충류	실내장식용, 밀폐/개방형
아쿠아리움	물만 있음	물고기, 수초	수질 관리 중심
팔루다리움	물 + 육지	양서류, 민물생물	난도 높음, 복합적 관리
리파리움	수면 + 수변식물	수생 식물 곤충	자연 수변 느낌 구현
포미카리움	건조 지하 구조	개미	군체 관찰 목적
인섹타리움	다양함	곤충류	곤충전시 및 체험
헤르페타리움	다양함	파충류, 양서류	UV 조명 보온 필수
에어비어리	공기 + 나무구조	조류	비행 공간 확보 필요

표1. 비바리움(Vivarium)의 세부 유형과 분류 및 특징

5. 테라리움의 원리

"테라리움의 작동 원리는 식물 생리학에 기초한 생태 순환이다."

테라리움은 단순히 식물을 유리 용기에 배치하는 것을 넘어, 자연 생태계의 순환 원리를 모사한 미시 생태계다. 특히 식물의 생리 작용을 중심으로 물, 공기, 빛, 영양분이 유기적으로 상호작용을 하면서 자급자족에 가까운 환경을 유지한다. 이 장에서는 테라리움의 유지 메커니즘을 식물 생리학적 측면에서 구체적으로 분석한다.

1) 광합성 (Photosynthesis)

"광합성은 테라리움에서 에너지 생성의 핵심이다."

- **정의** 식물이 햇빛(또는 인공광)을 이용해 이산화탄소(CO_2)와 물(H_2O)을 흡수하고, 포도당($C_6H_{12}O_6$)과 산소(O_2)를 생성하는 생화학 반응이다.
- **역할** 포도당은 식물 생장에 필요한 에너지원을 생산하며, 산소를 공급한다. 산소

는 테라리움 내부의 대기질을 유지하며, 식물과 함께 서식하는 생물에게도 필수적이다.

- **테라리움 내 작용**
  - 유리 용기를 통해 들어오는 빛이 식물 잎에 도달하여 광합성을 촉진한다.
  - 낮 동안 CO_2를 흡수하고 O_2를 배출하여 대기 구성을 안정화한다.
  - **참고** 광원이 부족하면 광합성이 제한되므로, 테라리움 위치에 빛이 부족할 경우 LED 식물등을 사용하는 것이 효과적이다.

2) 증산작용(Transpiration)

"증산작용은 테라리움 수분 순환의 시작점이다."

- **정의** 식물의 뿌리가 흡수한 수분이 잎의 기공을 통해 수증기 형태로 대기 중으로 방출되는 현상이다.
- **역할** 물의 이동을 유도하여 뿌리부터 잎까지 영양분을 순환시키고 내부 습도를 조절한다.
- **테라리움 내 작용**
  - 수증기는 유리 표면에 응결되어 물방울이 되고, 아래로 떨어져 뿌리로 흡수된다.
  - 이러한 과정을 통해 작은 순환 고리(closed water cycle)가 형성된다.
  - **참고** 밀폐형 테라리움은 이 작용 덕분에 거의 물을 주지 않고도 장기간 유지될 수 있다.

3) 기체 교환(Gas Exchange)

"기체 교환은 테라리움 내 산소와 이산화탄소의 균형을 유지하게 한다."

- **낮** 광합성 중심 ➡ CO_2흡수, O_2방출
- **밤** 호흡 중심 ➡ O_2흡수, CO_2방출
- **역할** 이산화탄소와 산소의 자가 순환을 통해 유리 용기 안에서도 대기 조성을 자율적으로 조절할 수 있다.
- **테라리움 내 작용** 낮과 밤의 주기에 따라 기체 교환이 반복되어 대기질을 유지한다. 식물이 과밀하거나 통풍이 전혀 없는 경우, O_2부족이 발생할 수 있다.
- **참고** 주기적인 환기(뚜껑 열기) 또는 식물 밀도 조절이 중요하다.

4) 수분 순환(Water Cycle)

"수분 순환은 테라리움 내 미니 생태계의 지속 가능성을 가능하게 한다."

- **단계별 작용**

1. 식물 뿌리 ➡ 수분 흡수
2. 잎 ➡ 증산 ➡ 수증기
3. 유리벽 ➡ 응결
4. 바닥 ➡ 물방울 낙하 ➡ 흙에 재흡수

- **역할** 수분 순환을 통해 지속적인 수분 공급이 가능하므로, 외부 급수 없이도 장기간 유지가 가능하다.
- **참고** 이 과정이 원활해지려면 내부 온도와 습도의 균형이 매우 중요하다.

5) 미생물과 분해 작용(Microorganisms and Decomposition)

"미생물과 분해 작용은 테라리움 내 토양의 생태적 역할을 한다."

- **역할** 유기물(낙엽, 뿌리 등)을 분해하여 영양분으로 전환하고 토양의 질을 유지하며

식물의 영양 공급을 돕는다.
- **테라리움 내 작용** 이끼, 낙엽, 뿌리 찌꺼기 등을 분해하며 자연적인 비료 역할을 한다. 공생 미생물이 존재하는 흙일수록 건강한 생태계 유지가 유리하다.
- **참고** 소량의 활성탄이나 무균 처리된 배양토를 병행하면 악취 및 부패 방지에 도움이 된다.

6. 테라리움의 환경조건

다음은 테라리움의 환경조건에 대해 이야기해 보자. '테라리움의 원리'와 '테라리움의 환경조건'은 서로 관련은 있지만 다른 개념이다. '원리'를 이해하면 테라리움을 왜 그렇게 설계해야 하는지를 알 수 있고, '환경조건'을 알면 그 원리를 안정적으로 구현할 수 있다.

테라리움의 환경조건을 전문가적 시각에서 다룰 때는 단순히 '식물이 잘 자라는 조건'을 넘어서, 폐쇄 생태계에서의 물리적·화학적 변수 조절, 미세환경의 조화 유지, 기후 모사(Microclimate Simulation) 차원까지 접근하는 것이 중요하다.

1) 광환경(Light Environment)
- **파장, 광도, 광주기 조절** 광합성 유효 방사(PAR: Photosynthetically Active Radiation) 범위(400~700nm)를 충분히 제공해야 하며, 특히 테라리움 내 광량은 1000~2500 lux 수준의 산란광(indirect light)을 권장한다.
- 일부 식물(예: 필로덴드론, 피토니아)은 낮은 광도에도 적응 가능하지만, 색소 발현, 성장 속도, 엽면적 유지에 적절한 광량 유지가 중요하다. LED 식물등 사용 시에는 풀스

펙트럼 광원이 식물 생장에 효과적이며, 12~14시간 정도의 광주기(Photoperiod)는 식물 생체리듬 유지에 필요하다.

> **TIP** 광원이 강할 경우 식물 위에 수직으로 위치하도록 하고, 유리 반사율로 인한 열 누적을 고려해 적외선 차단 필름을 병행하는 등의 방법을 사용할 수 있다.

2) 수분 및 습도 조절(Hydration & Relative Humidity)

- **폐쇄형 vs 개방형 시스템의 수분 순환 차이** 폐쇄형 테라리움은 내부의 증산작용 ➡ 응결 ➡ 낙수 ➡ 흡수 ➡ 재증산의 순환 루프가 지속되는 상태이다. 습도 유지 범위는 RH 70~95%이며, 상대습도가 너무 높을 경우 병원균(곰팡이, 박테리아) 번식 위험이 있을 수 있다.

- **증산속도와 증발속도의 비율 관리** 증산율(Transpiration rate)은 식물의 생육에 필수적이나, 유리 내부 공기 흐름이 정체될 경우 엽면에 응축수 생성으로 인해 광합성이 억제될 수 있다. 이를 방지하기 위해 일일 15~30분 환기를 시행하는 것을 추천하며, 대형 테라리움이나 실내 이끼 정원 등은 미세 팬 설치를 통해 대류 환경을 유지해 주는 것이 좋다.

> **TIP** 기초층(Substrate) 수분 감지 센서 및 스마트 미스트 시스템을 도입하면 자동화된 수분 균형 유지에 효과적일 수 있다.

3) 온도 조건(Thermal Conditions)

- **열역학적 안정성 및 이상적인 온도 범위** 유리병 내 마이크로클라이밋에 이상적인 온도 범위는 18~26°C이다. 유리벽 안은 외부 기온 대비 온도 변동 폭이 낮고, 축열 효과가 있다.

- '온도 조건'은 단순히 일정한 따뜻한 환경을 유지하는 것이 아니라, 유리 용기 내부에서 형성되는 마이크로클라이밋(microclimate)을 고려하여 구역별 온도 편차, 열 보존성, 구조적 영향 등을 정밀하게 이해하고 조절해야 한다.

4) 공기 질 및 환기 조건(Air Quality & Ventilation)

- **산소와 이산화탄소 농도 균형 유지** 낮에는 광합성에 의한 CO_2 흡수와 O_2 생성, 밤에는 호흡으로 O_2 소비와 CO_2 배출이 일어난다. 밀폐형에서는 CO_2 부족으로 인해 미비하게 광합성 제한 문제가 발생할 수 있다. (대형 테라리움이나 이끼 정원의 경우 일부 고급 시스템에서는 CO_2 캡슐 또는 CO_2 생성제(yeast system) 투입도 고려해 볼 수 있다.)
- **공기 흐름 조절** 곰팡이 방지를 위한 미세한 기류를 유지하는 것이 좋다. 그러나 공기 흐름이 과도하면 습도 손실이 발생할 수 있어 균형 유지가 매우 중요하다.

5) 토양 및 기질 조건(Substrate Ecology)

- **다층 구조의 배수 및 필터링 시스템**
  - **1층** 배수층(자갈, 마사토, 제올라이트 등)
  - **2층** 활성탄(탈취, 살균 효과) 또는 소량의 훈탄
  - **3층** 유기 혼합토(피트모스 + 펄라이트 + 바크 또는 코코피트)
  - **4층** 이끼, 멀칭 재료 등
- **미생물군 균형(Soil Biota Balance)** 미소 생물군(probiotic microbiota)은 유기물 분해 및 뿌리 보호에 중요한 역할을 한다. 살균 처리된 토양 사용 시에는 유익균 보충(bokashi, EM 용액 등)을 통한 균형이 필요하다.

TIP 특정 곰팡이(예: Botrytis cinerea)나 선충(Nematode) 문제가 발생할 수 있으므로 식물이나 이끼는 도입 전 반드시 검역 단계를 거쳐야 한다.

전문적인 테라리움 환경 설계는 미세환경을 통합 설계하는 것이다. '자연광 + 기류 + 습도'를 잘 설계함으로써 내부 생태계 순환을 유지하고 층별 기질 설계를 잘하여 수분과 영양의 보존과 배출의 균형을 찾을 수 있다. 또한, 생물 간 상호작용을 고려하여 식재한다면 식물 간 빛의 부족을 막고 뿌리 생장과 증산 경쟁을 최소화하도록 구성할 수 있다.

항목	권장 기준	주의 사항
광	1000-2500 lux, 12-14시간	직사광선 과열 방지
습도	RH 70~90%	곰팡이 유발 방지를 위해 환기
온도	18~26°C	여름철 과열 주의
토양	유기+무기 혼합층 + 활성탄	병원균 억제 필요
환기-밀폐	미세 기류 확보	개방-밀폐 균형 중요
미생물	유익균 도입 권장	병원성 곰팡이 주의

표2. 테라리움의 환경조건

7. 테라리움의 재료

1) 식물(Plants)

테라리움에서 식물 선택과 배치는 단순한 미관뿐 아니라, 생태적 균형 유지, 환경 적응성, 디자인 스타일 구현을 결정짓는 핵심 요소다. 식물의 적절한 선택과 관리, 그리고 디자인 스타일별 배치 전략은 테라리움 구성에서 가장 큰 부분을 차지한다.

기준 테라리움에 사용되는 식물은 일반적인 실내 식물과는 달리, 밀폐 또는 반밀폐 공간이라는 특수한 환경에 잘 적응할 수 있는 것이 좋다.

① 테라리움 식물 선택 기준

식물 선택 시 고려할 6가지 핵심 기준	
습도 내성이 좋은 식물	밀폐형 테라리움의 고습 환경(70~90%)에서도 잎 썩음 없이 유지되는 식물을 선택하면 오랜 기간 유지가 수월해진다.
저광 적응력이 좋은 식물	직사광 대신 간접광 또는 인공광에 잘 적응하는 식물을 선택해야 한다.
저성장성 식물	공간 내에서 무한 성장하지 않는 소형 또는 느린 성장 속도의 특징을 가진 식물이 좋다.
병해충 저항성이 좋은 식물	테라리움의 특성상, 특히 밀폐형에서는 곰팡이나 해충에 강한 종을 선택한다.
공존성이 좋은 식물	다른 식물과의 공간 경쟁이 적고, 증산량과 뿌리 구조가 단순한 것을 선택하는 것이 좋다.
미적 요소를 가진 식물	잎 색깔, 질감, 형태가 조화롭게 디자인 요소로 활용 가능한 식물을 선택한다.

표3. 테라리움의 식물 선택 기준

② 습도에 강한 식물 & 건조에 강한 식물

식물명	특징
피토니아(Fittonia)	고습도, 색감 우수, 낮은 성장
셀라기넬라(Selaginella)	이끼와 유사, 촘촘한 잎
고사리류(Nephrolepis 등)	습기 유지에 효과, 볼륨감 있음
이끼류(Moss)	토양 피복, 습도 조절, 하층 배치에 이상적, 공기정화능력이 탁월하며, 단독 식재도 가능

표4. 습도에 강한 식물

식물명	특징
틸란드시아(Air plant)	공기 중 수분 흡수, 토양 불필요
호야(Hoya)	두꺼운 잎으로 건조에 강함
고사리류(Nephrolepis 등)	강한 광 필요, 배수가 잘되는 기질 필요

표5. 건조에 강한 식물

③ 식물 배치 디자인 팁

- 직선적으로 식물을 배치하지 않는 것이 요령이다. 지그재그가 되도록 장소를 결정하고, 그 사이에 클라이머계나 이끼를 곁들이면 자연스러운 인상의 레이아웃이 형성된다.
- 식물로 가득 채우지 않는 것도 중요한 포인트 중 하나다. 간격이 중요하다. 대신 유목, 돌 등을 사용하면 자연스러운 분위기를 조성할 수 있다. 여기에 원근법을 이용한다면 더 깊이 있는 작품이 된다.
- 테라리움은 평소 작은 변화를 놓치지 않아야 관리를 잘할 수 있다. 건조하면 물을 뿌려주고, 성장한 식물에 의해 빛이 가리면 트리밍을 하거나 식재 장소를 바꾼다. 시든 잎이 있다면 제거하고 해충이 발생했는지 수시로 체크한다.

2) 흙(Soil)

테라리움의 바닥 구조는 단순한 흙과 자갈의 조합이 아닌, 배수 ➡ 정화 ➡ 배양 ➡ 피복(멀칭)으로 이어지는 소형 생태계 순환 기반 구조다. 테라리움의 바닥재 구성은 단순히 식물이 자라는 '흙'의 역할을 넘어 배수, 통기, 습도 유지 기능과 디자인적 미적 요소, 생태계 안정성과 병해 예방까지 관여하는 핵심 인프라 구조라고 볼 수 있다.

바닥재 기본 구조(4층) 테라리움 제작 시 바닥재는 기본적으로 4층 구조(아래 → 위 순서)로 형성한다.

- **1층** 배수층 자갈, 마사토, 제올라이트 등을 사용하여 수분 정체를 방지하고 곰팡이 예방을 위한 구조로, 입자가 굵은 것을 사용한다.
  - **재료 종류와 특징** 화산석(현무암)처럼 가볍고 다공성이며, 공기 순환이 우수한 재료를 선택하는 것이 좋다. 다만 잘 부서져 가루가 나올 수 있어 세척 후 사용하는 것을 권장한다. 부서짐을 염려하여 자갈이나 세척 마사토를 사용할 수 있으나, 무게감이 있어 비효율적일 수 있으므로 테라리움의 이동성을 고려하여 신중하게 바닥재를 선정하는 것이 중요하다. 제올라이트나 질석처럼 흡습성 있는 광물은 습도 조절과 흙냄새 감소에 장점이 있으나, 다량 사용 시 수분 보유 능력이 좋아 과습할 수 있으므로 급수에 주의해야 한다. 펄라이트는 팽창재의 특징이 있어 무게가 가장 가볍고 배수와 통기성이 좋다는 장점이 있다. 그러나 부유성이 있고, 급수 시 상층 토양으로 인해 이염되어 디자인적으로 보기 좋지 않으므로 필요시에만 사용한다. 간혹 바크칩(무기질화된 나무껍질)을 사용하기도 하나, 생바크는 부패 위험이 있어 배수층으로는 적합하지 않다.

  TIP 배수층에 사용되는 토양은 5~15mm 입도의 자갈로 고르되, 다공성이 있는 소재가 이상적이다.

- **2층** 활성탄층 흙에 정체된 수분의 부패를 예방하기 위해 활성탄층을 구성한다. 소량의 활성탄 또는 숯을 이용하여 탈취, 항균, 곰팡이 억제를 한다. 이 층은 필수는 아니지만, 밀폐형 테라리움에는 적정량을 사용하는 것을 권장한다.
  - **재료 종류** 숯(활성탄), 원형 활성탄 입자, 혹은 쌀겨를 태운 훈탄을 사용하기도 한

다. 이들 숯은 탈취와 살균, pH 조절, 독성 물질 흡착 등의 효과가 있다. 모래 형태로 얇게 깔아 사용하면 곰팡이 번식이 억제된다.

- **3층** 토양층(토심) 식물의 뿌리가 잘 자랄 수 있도록 토양층(토심)을 확보한다. 이때 유기 혼합토(배양토), 코코피트, 피트모스 등으로 식물 생육의 핵심층을 구성하게 된다. 혼합 토양(테라리움 전용토) 사용을 권장하는데, 혼합토는 성분과 기능을 고려하여 구성해 놓은 흙이므로 테라리움에 매우 적합하다.

- **4층** 피복층(멀칭) 선택 사항으로, 수분 증발을 억제하고 디자인적인 면모를 돋보이게 하기 위해 이끼, 자갈, 바크 등 다양한 피복재를 사용할 수 있다.
  - **토양 레이아웃 디자인** 디자인과 기능의 균형이 매우 중요한데, "식물이 숨 쉴 수 있는 공간이자, 시각적 힐링 요소가 되어야" 함을 명심해야 한다. 설계 초기부터 식물의 뿌리 길이, 수분 요구도, 성장 속도를 고려한 바닥 구조를 구상해야 좋은 테라리움 레이아웃이라 할 수 있다.

3) 돌(Stone)
테라리움 디자인에서 돌의 영향력과 주요 석재의 특징을 살펴보자.

① 돌이 테라리움 디자인에 미치는 영향력
- **심미적 기능**
- 지형감과 입체성을 부여하여 단조로운 평면 식재보다 생동감 있는 자연 장면을 연출하고, 초록 식물과의 대비를 통해 시각적 명암과 질감의 균형을 형성한다(예: 검은 돌

+ 밝은 잎). 또한, 돌은 디자인 구도의 중심이 되어 큰 돌 하나로 시선의 중심을 유도하거나 비대칭 균형의 핵심 구조물로 사용이 가능하다.

- **생태적·물리적 기능**
- 일부 돌은 수분을 흡수하거나 응결시켜 주변의 습도 안정에 기여하며, 축열체의 역할로 낮에 열을 흡수하고 밤에 서서히 방출하며 온도 완충 작용에도 기여할 수 있다. 토양 구조를 고정해 줌으로써 흙이 무너지지 않도록 경계 역할을 하며, 배수층의 붕괴 방지에도 도움을 준다. 흙과 함께 미생물에게 서식지를 제공하고, 다공성 석재는 균근, 이끼, 박테리아 서식처로도 활용된다.

② 테라리움에 자주 사용되는 돌

청룡석(Seiryu Stone)

- **원산지** 일본, 중국
- **색상** 청회색 계열 + 흰 석회질 줄무늬
- **질감** 날카로운 표면, 절단면 뚜렷
- **특징** 물에 젖으면 짙어지고 무게감 있음
- **디자인 쓰임** 중심석(主石)으로 시선 집중, 동양 정원풍 또는 절벽 연출에 효과적이다.
- **식재 팁** 뿌리가 짧은 이끼류를 균열 사이에 식재하면 자연스러운 '암석 정원' 연출이 가능하다.

화산석(Lava Rock)

- **원산지** 화산 지대(제주도, 인도네시아 등)
- **색상** 검은색, 붉은색, 회갈색
- **질감** 다공성, 경량, 흡습성 우수
- **특징** 수분과 공기 순환에 매우 유리
- **디자인 쓰임** 바닥 배수층 겸 장식석, 또는 뿌리 식물(틸란드시아 등) 고정용으로 활용된다.
- **주의점** 다공성이므로 세척이 중요하며, 톱니형 가장자리는 부드럽게 마감할 것.

편석(Flat Stone)

- **색상** 회색, 흑청색, 암갈색 등
- **질감** 납작하고 매끈한 면, 층리 구조
- **특징** 얇고 넓은 형태로 배치 용이
- **디자인 쓰임** 계단 구조, 테라스형 구성, 또는 식물의 받침 지대(플랫폼) 역할을 한다.
- **활용 예** 편석 위에 소형 선인장 또는 호야를 올려 '플랜트 쇼케이스'처럼 연출할 수 있다.

황호석(Dragon stone)

- **색상** 황갈색 + 흑갈색 줄무늬
- **질감** 무겁고 단단한 석영 기반
- **특징** 자연무늬가 강렬해 시각적 임팩트 강함
- **디자인 쓰임** 포인트석, 사막형 테라리움 중심석, 드라이 가든풍에 활용한다.
- **추천 활용법** 단독 포인트가 되며, 중심석으로 사용하면 강하고 '절제된 와일드함'을 연출할 수 있다.

목화석(Petrified Wood)

- **정의** 나무 조직이 광물화된 화석
- **색상** 황갈색, 적갈색, 회갈색
- **질감** 나무 무늬를 간직한 석질 표면, 무게감 큼
- **특징** 자연과 역사의 결합 느낌, 고풍스러움
- **디자인 쓰임** 스토리텔링형 테라리움 또는 동양풍 정원에서 중후한 분위기를 강조할 수 있다.
- **활용법** 고사리류, 이끼, 코르크 소재와 함께 시간의 흐름을 상징하는 소재로 구성해 준다.

③ 테라리움에서 돌 배치의 설계 팁

- **구도** 자연스럽고 안정감 있는 구도 형성을 위해 골든 트라이앵글 구조(비대칭 배치)를 추천한다. 돌 3개를 이용한 3석 구도로(주석-보조석-배경석) 크기에 차이를 두어 리듬감을 형성하면 단조롭지 않은 디자인을 구상할 수 있다.
- **높낮이 조절** 크고 무거운 돌은 하층에 배치하여 무게 중심을 확보하는 것이 좋고, 식물 식재 시 뿌리 흔들림을 보조할 수 있도록 한다.
- **자연스러움 강화** 돌 틈에 이끼나 소형 식물을 식재함으로써 자연스러움을 강화할 수 있다.
- **테마 부각** 돌의 컬러와 텍스처를 이용하여 테마를 부각시킬 수 있다.
  - **황호석과 목화석** 줄무늬의 질감이 강렬하고 중량감이 좋아 사막 또는 역사적 분위기, 고전적 테마의 느낌을 나타낼 수 있다.
  - **청룡석**(청회색 + 흰결, 날카로움, 무게감) 동양풍의 느낌을 전달해 주어, 동양 정원의 느낌으로 중심석에 사용하기에 좋다.
  - **화산석**(검은색, 붉은색) 컬러별 느낌은 다르나 다공성 텍스처는 열대 또는 야생풍의 테마 연출에 용이하게 쓰인다.
  - **편석** 평평한 구조로 계단을 연출할 때 많이 사용하며 안정감을 주는 레이어를 형성한다.

돌은 테라리움의 '구조적 뼈대'이자 '시각적 리듬'을 만드는 중요한 조형 요소다. 디자인의 목적과 식물의 생육 조건을 고려하여 적절한 돌을 선택하고 배치함으로써, 단순한 장식이 아닌 작은 생태계로서의 완성도를 높일 수 있다.

4) 투명 용기(A transparent container)

유리 용기의 기능은 생태계를 보호하고, 외부 기후와 식물 사이의 완충제로서 공간 역할을 한다. 시각적 효과를 연출하여 전체 디자인의 톤과 분위기를 결정짓는다. 식물 생장 공간으로서 뿌리 성장, 배수, 토양층 확보를 위한 기본 공간이 되어주는 것이다. 용기의 외형 형태에 따라 그 느낌과 제작 방식이 조금씩 달라질 수 있다.

① 투명 용기의 종류

- **구형 유리볼(Glass Globe)** 투명한 원형 구조로 시야 확보가 우수하고, 내부의 곡선으로 수분 순환이 용이하다는 장점이 있다. 귀엽고 사랑스러우면서도 안정적인 디자인 형태로 변함없이 사용되며, 입구가 넓어 초보자들이 접근하기에 좋은 형태이다.

- **육각/사면 유리 케이스(Terrarium Case)** 프레임 있는 구조와 없는 구조로도 나눌 수 있는데, 프레임이 없는 구조는 개방감이 강조되며, 프레임이 있는 구조는 구조미를 강조할 수 있다. 디자인적으로 보았을 때 사각은 모던하고 정돈되며 안정적이고 세련된 느낌이 강하다.

- **병 형태(Jar, Bottle)** 뚜껑이 포함된 밀폐형 용기는 수분의 자급 순환을 유도하는 용기로, 열대 우림형이나 미니멀한 디자인을 연출할 때 사용하길 권장한다.

- **수조형 유리용기(Cube Type) 또는 아쿠아리움 형태** 안정성이 높아 평면 디자인에 용이하고, 내부에 계단형을 연출하기에도 좋다.

- **재활용 용기 활용** 요즘은 탄소 중립으로 재활용이 중요시되는 만큼, 실생활에서 배출되는 유리컵, 머그, 투명 식기류를 활용하여 개방형, 미니형에 적합한 디자인을 다양하게 구상하여 카페 인테리어 소품용으로 활용하거나 수업에 활용하는 것도 좋은 아이디어의 일환이라 할 수 있다.

② 투명용기 선택시 주의사항

- 내부 식물과 구조가 보이는 것이 이상적이므로 유리의 투명도를 확인하는 것이 좋다.
- 가급적 입구 너비가 넓은 것이 손과 도구 출입이 자유로워 디자인하기 편리하지만, 고난이도의 디자인은 입구가 좁은 용기를 사용해야 하는 경우도 있다.
- 식물의 뿌리 길이 + 배수층 + 장식 여유 공간을 포함하여 용기의 높이를 선택해야 한다.
- 밀폐도를 고려하여 고습 vs 저습 환경 식물의 선택 기준을 정해야 한다.

5) 유목(Driftwood)

자연적으로 마른 나무뿌리나 줄기를 말한다. 공기 순환을 돕고 돌과 함께 디자인의 중심축 역할을 하여 레이아웃 형성에 크게 기여한다. 유목은 곰팡이 방지 처리(소독, 열처리)가 필요하다.

6) 피규어(Miniature Figurines)

사람, 동물, 건물, 장식 소품으로 다양하게 사용 가능하며, 동화 분위기, 정원, 버섯집, 캐릭터 등 이야기 있는 테라리움 구성(스토리텔링형) 시에 다채롭게 연출하는 데 사용된다. 생태를 좀 더 디테일하게 구성할 수 있도록 도와주며, 새, 개구리, 나비 등의 모형은 디자인에 현실감을 강화하고 교육적 시각 효과 또한 강화할 수 있다.

8. 테라리움 제작 기법

테라리움은 디자인 의도에 따라 식물의 선택과 배치가 달라진다. 테라리움 내부의 구역을 전경, 중경, 후경, 벽면의 네 곳으로 나누어 식물의 식생과 관련하여 디자인할 수도 있고 , 디자인 유형별 콘셉트를 만들어 두고 배열도 가능하다. 테라리움의 주제에 맞추어 식물 선택 기준과 습도 내성, 저광 적응력, 저성장성, 미적 가치 등을 판단해야 한다.

1) 테라리움 식물 식재 방법
① 핀셋이나 손으로 심기

식물의 뿌리 쪽을 잡고 산야초나 용토등에 심는다. 식물이 부드러워 휘어지는 경우에는 핀셋 손잡이 쪽 등으로 먼저 구멍을 뚫어놓고 그 구멍에 식재하면 된다. 작은 식물은 여러 개를 모아서 심으면 좋다. 큰 식물은 핀셋보다는 손으로 심는데, 심기 전에 용토등에 홈을 만들어 식재해야 뿌리를 덜 다치게 할 수 있다. (심은 후에는 흙으로 식물을 잘 고정한다.)

② 이끼 심기

수직면에 배치할 때는 U자 핀으로 고정하면 간단하다. 이끼가 허공에 떠 있으면 이끼 시트가 말라서 시들 수 있다. 흩어진 이끼는 핀셋으로 심는다.

③ 활착(착생)시키기

유목이나 돌에 붙어서 성장하는 식물도 있다(주로 이끼나 양치식물). 이들은 실이나 고무 밴드를 사용하여 유목이나 돌에 고정해 두면 된다. 1개월~3개월 정도 지나면 단단히 활착된다.

2) 디자인 스타일별 식물 배치 전략

① 정글형(Jungle Style)

열대우림과 같은 풍성하고 야생적인 분위기를 자아내야 하는 정글형은 수직·수평 모두를 활용한 다층적 식생을 목적으로 한다. 생동감 있고 풍성한 이미지 연출을 위해 이끼, 고사리, 잎무늬 식물이 복합적으로 구성되는 것이 좋다.

- **식물 배치 전략**
  - **상층** 고사리류로 높이감을 나타내고, 빛 받는 잎을 강조한다.
  - **중층** 피토니아, 셀라기넬라 등 색감을 강조하고 공간을 연결해 줄 수 있는 식물을 식재한다.
  - **하층** 이끼류, 모스볼 등 수분을 유지할 수 있는 그라운드 커버(멀칭)를 해준다.
- **지형 구성** 지형 높낮이를 이용하여 중앙을 높이고 측면으로 흘러내리듯 구성하여 답답함을 완화하고, 잎의 크기와 방향을 다양화하여 야생미를 강조하는 디자인을 하면 좋다.
- **추천 첨경물** 유목, 화산석, 바크, 아몬드 잎 등 자연적 침투감을 강화시킬 수 있는 첨경물

② 사막형(Desert Style)

건조하고 단순한 환경을 모사하는 사막형에서는 간결하고 조형적인 미니멀한 분위기를 연출한다. 식물은 선인장류, 다육식물을 중심으로 구성하는 것이 좋다. 색감보다는 형태와 질감 대비가 강조될 수 있도록 구성한다.

- **식물 배치 전략**
  - **중심부** 선인장(리톱스, 에케베리아 등)을 중심에 두어 조형미를 강조한다.

- **주변부** 미니 다육식물(세덤, 호야 등)을 사용하여 연결감을 주고, 그 경계의 마감은 높이를 조정하여 완화한다.
- **표면층** 모래, 데코 자갈 등으로 미니멀한 미감을 유지해 준다.
- **구도** 비대칭 구도로 자연스럽게 연출해 준다. 한 개의 강한 포인트 식물을 중심으로 구성하고, 나머지는 공간을 흐르듯 배치하는 것이 중요하다.
- **추천 첨경물** 편석, 황호석, 작은 뼛조각 형태 모형 등 황량한 느낌을 구현하는 첨경물

③ 판타지형(Fantasy/Narrative Style)

이야기 요소가 있는 스토리텔링 테라리움은 자연 요소 + 피규어 + 소품을 함께 사용하여 구성해 준다.

- **식물 배치 전략**
  - 레이어를 단조롭게 하지 말고, 언덕을 조성하여 상층에는 미니 고사리, 틸란드시아 등을 넣어준다.
  - 아기자기한 공간 조성을 원한다면 마을, 성, 탑 배경 효과 등의 요소를 넣어 중앙부에 피토니아, 셀라기넬라 등 소형 식물로 첨경물과 어우러지는 이야기의 무대를 형성하는 것이 좋다.
  - 만약 계곡을 연출하고 싶다면 하층에 이끼, 수생 식물 등을 연출해 주고, 물가, 다리 등 주변 분위기를 조성하여 첨경물을 중심으로 장면 구성 후 식물을 배치하는 것도 좋은 방법 중 하나다.
- **스케일(비례) 고려** 피규어 대비 식물 크기는 1:5~1:8 비율이 적정하다.
- **추천 첨경물** 피규어(사람, 동물), 미니어처 다리·집, 조명 소품 외 스토리에 어울리는

첨경물.

④ 자연풍(Natural Landscape Style)

실제 지형의 축소 모형을 구성하는 자연풍은 산림, 계곡, 계단지 등 자연주의적 구성과 비정형 레이아웃을 강조하여 디자인한다. 숲의 층상 구조를 본뜬 배치를 원한다면, 상층에 그늘을 제공하고, 하층에는 이끼를 배치하여 수분감이 느껴지게 하는 것이 좋다.

- **식물 배치 전략**
  - 식물 간 색 대비(연두/자주, 무늬/단색)를 고려한 조화를 유도한다.
  - 지형 구조 + 돌 + 식물의 조합이 중요하므로, 경사면에는 덩굴류(제주애기모람, 푸미라 미니바, 푸미라 피커스, 운시나타, 콩짜개 등)를 아래로 흐르듯 배치한다.
  - 평지/중앙에는 고사리, 필로덴드론, 작은 셰플레라, 거북이 페페 등을 밀도감 있게 중심에 구성해 주며, 가장자리는 이끼류와 각종 멀칭재로 마감하여 습도를 유지하고 테두리를 완화하는 디자인을 추천한다.
  - 돌(황호석, 청룡석, 화산석, 천기석, 목화석 등)을 이용한 고저차 형성 후 식물을 식재하면 더욱 자연스럽다.
- **구도** 무심한 듯 자연스럽게 연출하고, 지나친 대칭은 피하는 것이 좋다.
- **추천 첨경물** 자연 유목, 조형석, 목피, 미니 계단용 편석, 알몬드 바크 등 자연친화적 첨경물.

⑤ 미니멀형(Minimal Style)

선명한 구조, 정제된 공간미를 디자인하는 미니멀형은 색상 수를 줄이고 형태와 균형 중심으로 디자인한다. 식물을 배치할 때도 포인트 중심의 단일 식물을 식재하여 구조미를

표현하는 것이 바람직하다.

- **식물 배치 전략**
  - 배경이 되는 부분은 깔끔하게 이끼류로 마감하거나, 공간을 절제하여 뒷배경을 형성해 준다.
  - 베이스는 흰 자갈이나 편석으로 깔끔하게 마감하여 토양 노출을 방지해 준다.
  - 색상 대비는 최소화하며, 식물은 1~2종만 사용하여 각 식물의 조형미를 극대화하고 여백을 디자인의 일부로 활용한다.

테라리움은 단순한 원예 활동이 아니다. 자연과의 연결, 창작의 자유, 그리고 시간이 만든 생명의 흐름을 오롯이 경험하게 하는 독특한 도구이자 매개체이다. 작은 유리병 속 생태계는 현대인의 삶에 다양한 차원에서 의미를 제공한다. 그것은 한 줌의 자연을 손끝으로 창조하고 그 안에서 생명을 키우며 나만의 이야기를 만들어 가는 여정이다. 바쁜 현대 사회 속에서 우리는 이 작은 유리병 하나로 자연을 느끼고 창조의 기쁨을 경험하며 시간의 흐름 속에서 예술을 완성할 수 있다. 그저 식물 하나를 심는 일이 아닌, 자연과 깊은 대화이자 내면을 돌보는 사색의 시간, 그것이 바로 테라리움이 우리에게 주는 진짜 효용의 이유이다.

Part.2
녹색결,
이끼를 이해하다

자연을 담은 쉼, 그리고 사색
이끼와 한국 정원 문화의 내면적 성찰

최근 들어 영국의 첼시 플라워쇼와 같은 세계적인 정원 박람회가 국내에 소개되면서, 한국 정원 문화에도 새로운 조류가 형성되고 있다. 이러한 흐름 속에서 한국의 전통 정원 미학을 되짚어보면, 다음과 같은 일곱 개의 키워드를 중심으로 그 철학을 요약할 수 있다. '자연과의 조화', '겸손과 절제', '은유와 상징', '삶의 철학 담론', '건축과의 융합', '미음완보(微吟緩步)', '별서 정원' 등이 그것이다.

이 중 특히 주목할 만한 개념은 '미음완보(微吟緩步)'다. 이는 천천히 걸으며 자연을 음미하고 사색하는 느림의 미학을 뜻하며, 한국 정원 문화에서 자연 속 사유라는 본질을 가장 잘 담고 있는 표현이기도 하다.

사색은 결국 마음속에 존재하는 정신적 정원일지도 모른다. 식물을 바라보며, 돌보고, 그 안에서 내면의 평온과 깨달음을 얻는 시간은 단순한 관상이 아니라 삶의 태도이자 하나의 철학적 실천이라 할 수 있다.

국내의 한 저명한 정원 작가는 한국 정원이 단지 시각적 아름다움에 머무는 것이 아니라, '치유와 웰빙의 장'으로 기능하고 있음을 강조한 바 있다. 그는 정원이 자연과 인간을 밀접하게 연결해 주는 매개체이며, 식물 하나하나에 담긴 의미와 애정이 그 가치를 결정한다고 말한다.

현대인이라면 누구나 한 번쯤은 정원의 소유를 꿈꾸지만, 현실 속에서 넓은 마당과 정원을 갖는 일은 쉽지 않다. 이에 대한 차선으로 많은 이들이 실내에서 식물을 기르며, 소소한 돌봄 속에서 위안을 얻고 삶의 리듬을 회복하고 싶어 한다.

그러므로 사람들은 본능적으로 숲과 자연을 그리워하며, 그 안에서 쉼과 치유를 얻고자 시간과 비용을 들인다. 특히 디지털 문명이 가속화되면서 진실과 허구, 정보와 감정이 뒤섞인 혼란의 시대를 살아가는 현대인에게는 심신의 안정을 위한 '쉼'이 더욱 절실해지고 있다.

2023년 농촌진흥청의 조사에 따르면, 식물 기르기의 정서적 효과에 대한 공감도는 '정서적 안정(77%)', '행복감 증가(73%)', '우울감 감소(68%)' 순으로 나타났다.

특히 식물 소비자들은 자신의 돌봄에 따라 생육 반응을 보이는 식물을 반려 식물로 선호하는 경향을 보인다. 이는 곧 식물과의 교감에서 얻는 보람과 책임감을 시사한다.

이러한 맥락에서 최근 주목받는 식물이 바로 이끼다. 이끼는 비교적 관리가 쉬운 식물로, 유리 용기 안에 조성된 이끼 테라리움은 높은 습도와 일정한 온도만 유지된다면 특별한 손질 없이도 오랜 시간 푸른 생명력을 간직할 수 있다.

즉, 관리자의 일시적인 소홀함이나 생활 리듬의 변화 속에서도 묵묵히 그 자리를 지키며 한결같은 모습으로 존재하는 이끼는 존재 자체로 경이롭다.

이끼는 특별한 기술이나 경험 없이도 누구나 쉽게 다룰 수 있는 식물이다. 노인, 아동, 장애인 등 다양한 연령과 계층이 부담 없이 교감할 수 있으며, 내 공간 안에서도 자연과 연결되는 통로가 될 수 있다.

이러한 특성은 현대인의 라이프스타일 속에서 지속 가능하면서도 정서적 교감을 이끌어낼 수 있는 '조용한 반려 식물'로서 충분한 자격이 있다.

이끼는 겉보기에 단순한 식물이지만, 정서적 안정, 심리적 치유, 공간 미학이라는 세 가지 측면에서도 뛰어난 효과를 보인다. 특히 바쁜 현대사회 속에서 복잡한 관리 없이도 자연과 연결되는 경험을 가능하게 해주는 가장 손쉬운 자연 치유의 도구로 주목받고 있다.

반려 식물, 그중에서도 이끼를 수용하고 다시 평가한다면 우리는 내면의 평온함을 되찾고, 생활 속 자연과 조화로운 관계를 회복할 수 있을 것이다. 이는 정신적 복지로 가는 길에서 중요한 한 걸음이 될 것이다.

이웃 나라 일본이나 영국, 독일, 네덜란드 등 유럽 여러 나라에서는 이끼를 포함한 식물과의 상호작용을 정신질환, 치매, 외상후 스트레스 장애(PTSD) 등의 심리 치료 도구로 활용하고 있다. 그 근간에는 고대 로마의 정원이나 중세 수도원의 약초원에서 시작된 전통적인 원예치료 문화가 자리하고 있다.

원예치료의 식물 기전 중 정서적 측면에서는 초록색을 바라보는 것만으로도 심리적 안정과 집중력 향상에 도움을 받을 수 있다고 한다. 또한, 일본의 경우 소형 유리병에 배치한 초록 이끼가 정서 안정과 창의성 증진에 효과가 있는 것으로 알려져 있기도 하다. 식물을 만지거나 조형하면서 발생하는 촉각 자극은 심적 긴장을 완화하는 데 도움이 되며, 특히 고령자의 인지력 강화 프로그램에도 응용되어 심리 치료적 효과를 얻을 수 있다.

바쁜 현대인의 일상생활 속에서 이제 이끼는 단순한 하등식물 개념을 넘어, 자연과 교감하며 삶의 질 향상에 기여하는 식물로 인식되고 있다.

파트 2에서는 이끼가 단지 자연 속에 있는 작은 하등식물 그 이상이라는 것을 충분히 알리고자 한다. 그러므로 우리가 일상에서 충분히 즐기고, 또 감정적으로 연결될 수 있는 특별한 자연 경험의 매개체라는 것을 강조하고자 하며, 파트 2에서는 독자들과 함께 '누구나 가능한 이끼 힐링 루틴'에 대해 이야기해 보려 한다.

1. 이끼의 기본 이해

1) 생명이 생명을 부르는 놀라운 세계, 이끼 숲

그리 오래되지 않은 시점부터 생태학적 가치가 알려지면서 주목받고 있는 이끼라는 식물은 무엇일까?

육지의 척박한 환경(바위나 나무껍질 등)과 혹독한 환경 변화를 극복하며 자생하는 이끼라는 식물을 선태식물이라고 말한다. 선류와 태류를 합친 말로 모두 이끼류를 뜻한다. 본서에서는 우리나라에서 자생하는 수많은 이끼 중에서 '국내 테라리움에 자주 사용되는 이끼 14종'을 소개한다. 이에 앞서, 이끼의 생물학적 특징과 생태학적 특징, 그리고 이끼를 대하는 우리들의 오감에 어떤 울림을 주는지, 이 작은 식물이 어떻게 우리를 사색하게 하며, 언제, 어떤 치유의 메시지를 던져 주는지, 그 '숨겨진 능력'을 찾아 함께 떠나 보도록 하자.

2) 자연과의 연결고리인 이끼의 가치

인간이 행복과 만족감을 높이려면 자연과 함께하는 자연 경험이 도움이 된다. 자연과의 연결은 정신적인 안정과 치유를 가져다준다. 그 때문에 사람들은 녹색 식물을 가깝게 하려 하고, 더 나아가 집 안에 두려 한다. 직접 만지고 키워가는 과정에서 자연에 대한 지식과 이해를 높이고, 자연과 공감하는 태도를 형성할 수 있다는 것이 전문가들의 중론이다.

자연 속에서 직접 자연을 관찰하고 느끼는 경험을 통해 자연에 대한 감수성 형성에 중요한 역할을 한다. 특히 자연의 경이감을 느끼기 위해서는 자연에서 보내는 시간이 중요하며, 자연과 관련된 다양한 체험 프로그램을 통해 자연 경이감을 높일 수 있다. 테라리움 제작 활동은 부드러운 이끼 등을 배치하면서 자연을 바라보는 관점을 바꾸고, 자연에 대한 깊은 생각과 사색을 통해 생태적 감수성을 높일 수 있다.

작은 생태계인 테라리움에 이끼를 배치할 때는 이끼 고유의 가치를 이해하고 접근하면 그렇지 않은 경우보다 더 건강한 테라리움을 설계할 수 있다. 여기서 '더 건강함'이란 객관적인 아름다움보다는 자신의 취향을 반영하여 본인만의 '꾸미고 싶은 정원' 등을 설계하는 즐거움을 의미한다. 이끼 테라리움은 자연과 멀어진 삶을 사는 현대인들이 자연을 가까이 하고 싶어 하는 마음을 충족할 수 있는 좋은 매개체가 된다.

중요한 것은 이를 '마음 챙김' 등 정신 건강 유지의 매개체로 접근하고 바라본다면 작은 유리용기 속 생태계를 통해 예상치 못한 깊이와 새로운 마음 치유의 세계를 탐색하는 경험을 하게 될 것이다.

따라서 테라리움의 진정한 가치는 단순히 축소된 자연경관을 담는 데 그치지 않고, 이를 마주하는 사람들의 지친 마음을 다독이고 위로해 주는 마음의 안식처이자 힐링 공간이 된다는 데 있다.

3) 이끼 각부의 명칭

포복성 이끼의 각 부 명칭   직립성 이끼의 각부 명칭

4) 이끼 예찬

온화하고 정적인 경계층 안에서 살아가는 생명, 이끼!

숲을 걷다 보면 나무의 키 큰 모습이나 넓은 잎들에 먼저 시선을 빼앗기곤 한다. 그러나 사람들의 발밑, 바위와 흙 위에 조용히 깔린 이끼들은 그냥 지나쳐 버릴 수 있다. 이끼는 숲속에서 가장 작고 조용한 생명체지만, 그 삶은 놀라울 만큼 완전하고 정교한 생태적 조화를 이루고 있는 매력적인 식물이다.

이끼는 키 큰 나무들이 모르는, 바람이 스치지 않는 낮은 곳, 즉 '정적인 경계층'이라 불리는 얇은 공기층 안에서 살아가는 존재다. 그 얇은 공간은 습도를 유지해 주고, 수분이 날아가지 않도록 지켜주며, 온화한 온도와 이산화탄소 농도마저 다르게 작용하는 미시 환경을 만들어 낸다.

이끼는 센 바람이 닿지 않는 그 얇은 층 안에서 놀랍도록 다양한 생물들에게 어미(母) 품같이 안정적인 서식지를 제공하며 생물 다양성을 유지하는 데 기여하는 식물로 살아간다. 표면과 가까운 '정적인 경계층' 그곳에는 참나무도 아카시아나무도 모르는 이끼에게 알맞은 습도와 온도가 유지되고 있다.

테라리움 안의 환경도 그와 유사하다. 그곳에는 공기의 흐름이 거의 없고, 햇빛, 습도, 물이 통제된 환경 속에서 이끼는 다시 '그 자리의 주인'이 되어 살아간다.

이끼는 유리용기 안에서도 스스로를 절제하며 살아간다. 주어진 조건 안에서 무리하지 않고, 다투지 않고, 자신의 리듬으로 존재한다. 우리가 이끼에게서 취(取)할 것이 있다면 바로 이런 점이다. 이처럼 이끼는 작고, 느리고, 조용한 방식으로 살아가면서 모성애라는 꽃말을 지니고 있다.

높이 자라지도 않고, 넓게 뻗지도 않으며, 주변의 생명들과 조화롭게 이름값을 하며 공존한다. 이끼라는 식물의 삶의 방식은 자연을 느끼는 사람들에게 시사하는 바가 크다. 이를테면 자연에 대한 지식과 이해를 높이고 자연과 공감하는 태도를 형성하게 된다는 것이다. 그래서 이끼는 작고 조용하지만 존재감이 충분하다는 데 이의가 없다. 숲속에서 이끼는 늘 가장 낮은 곳에 있지만 그 자체는 우리에게 환경보호를 다시 자각하게 하고 자연의 경이감마저 들도록 한다.

이끼의 경이감을 느끼고 경험하게 되면 그 이후로는 계곡에서나 아파트 화단에서나 발밑의 이끼를 더 자세하게 보게 될 뿐만 아니라 함부로 밟거나 하지는 않을 것이다.

5) 이끼의 세가지 특성

① 이끼의 생물학적 특성

- **비관속식물** 이끼는 선태식물로, 잎 표면에서 직접 광합성을 수행하여 생존하며, 관다발 조직이 없는 비관속식물로 분류한다.
- **번식 방식** 꽃이나 씨앗이 없으며, 포자를 통해 증식 및 번식한다.
- **환경 적응력** 건조하거나 극한 환경에서도 생존이 가능한 식물이다.
- **공기 정화 능력** 특히 공기 중의 이산화탄소를 흡수하면서 산소는 지속적으로 생산해 내는 능력이 있다. 이 때문에 유럽에서는 이끼를 활용한 공기 정화 필터 개발이 진행 중이다.

② 이끼의 생태적 특성

- **습기 유지 능력(수분 조절 및 저장 기능)** 이끼는 높은 수분 보유 능력을 갖추고 있으며, 특히 물이끼(Sphagnum moss)는 체적의 20~30배에 달하는 물을 저장할 수 있다. 이러한 특성은 지표면의 습도를 유지하여 주변 환경의 습도를 조절하고 산불을 예방하거나 지연시키는 데 이바지하기도 한다.
- **토양 형성** 이끼는 암석이나 척박한 토양에서 성장하면서 풍화 작용을 촉진하고 유기물을 축적하여 식물 성장에 적합한 환경을 조성한다.
- **개척 식물** 초기 생태계에서 선구적 식물군으로 기능하며, 지면을 덮어 비바람에 의한 침식을 방지하는 역할도 수행한다.
- **생물 다양성 지원** 이끼는 습도를 유지하여 미생물은 물론 곤충과 양서류 등의 서식지를 제공하여 생물 다양성을 유지하는 데 기여한다. 이끼가 형성하는 미세한 구조는 다양한 생물들이 서식할 수 있는 환경을 제공하며, 이를 통해 생태계 내에서 중요

한 역할을 담당한다.

③ 유지 관리 및 심미적 특성

- **다양한 형태** 이끼는 하늘을 향해 자라는 직립형 이끼와 땅으로 낮게 기듯 자라는 포복형, 그리고 엽상의 비단이끼류부터 깃털처럼 퍼진 털깃털이끼, 쿠션형의 구슬이끼, 수직적으로 뻗는 들솔이끼 등 매우 다양한 형태를 가진다. 각 이끼는 테라리움 제작 시 잎의 배열, 색감, 질감이 달라 다양한 연출이 가능하며, 단순한 평면 장식부터 입체적 조형물까지 소화할 수 있다.

- **자연스러운 분위기** 이끼는 인간이 가장 편안함을 느끼는 숲, 계곡, 몽환적인 자연환경을 즉각 연상시키며, 테라리움 적용 시 작은 공간에 축소된 자연을 재현할 수 있게 한다. 특히 이끼는 도시의 어떠한 환경에 노출되어도 자연스러움과 정서적 안정감을 극대화하는 능력을 소유하고 있다.

- **낮은 유지 관리 및 저 공간 요구** 이끼는 뿌리 대신 잎으로 수분을 흡수하고, 영양 요구도가 낮아 흙이 거의 필요 없거나 최소한의 배지로도 생존이 가능하다. 직사광보다는 간접광과 적절한 습도만으로도 잘 자라며, 공간 차지 또한 적기 때문에 책상 위, 창틀, 병 속에서도 충분히 유지가 가능하다.

- **폭넓은 유익성(정신 건강 측면에서)** 이끼는 단순한 식물 차원을 넘어 시각적으로도 스트레스를 줄이고, 만지거나 가까이 두는 것만으로도 심박수를 안정시키는 효과가 있는 것으로 알려져 있다. 자연과 연결된 행위는 정신적인 안정과 치유의 효과를 가져오기도 하고, 자연과 함께하는 삶은 인간의 행복과 만족감을 높이는 데 도움이 되는 것으로도 알려져 있다. 또한 이끼를 다듬고 배치하는 과정에서 클래식 음악 등과 함께한다면 명상과 유사한 효과를 얻을 수 있으며, 독일이나 일본 등지에서는 심리 치

료 분야에서도 자주 활용되는 것으로 알려져 있다.
- **초보 식집사 친화적 특성** 이끼는 성장 속도가 느려 자주 다듬을 필요가 없고, 병해충도 거의 없어 초보자가 키우기 쉽다. 간단한 분무만으로도 수분 공급이 가능하며, 빛과 바람만 조절하면 생존율이 높아 식물 키우기에 자신이 없는 사람도 부담 없이 시작할 수 있어 '식물 키우기의 첫걸음'으로 이상적인 선택이라고 할 수 있다.

2. 국내 테라리움에 자주 사용되는 이끼 14종
(습도 요구도 분류)

자연에서 이끼가 생육하는 환경은 땅이나 바위 위, 그리고 나무껍질 표면의 바람이 적은 정적인 경계층의 온화한 환경에서 서식한다. 이러한 환경을 염두에 두고 실내에서 키운다면 실패할 확률은 낮다.

이끼를 활용한 인테리어 방식에는 이끼 테라리움, 이끼 볼, 이끼 분재(분경) 등 다양한 형태가 있으며, 각 형태에 적합한 이끼 종류 또한 다르다. 국내에서 테라리움에 자주 사용되는 이끼 14종을 습도 요구도에 따라 분류한 표를 참고하면, 보다 완성도 높은 테라리움을 디자인하고 관리하는 데 도움을 받을 수 있다.

습도 요구도 (관리 난이도)	적합 용기 형태	이끼 종류	관리 팁
중간 습도 유지 (중간 쉬운 관리)	반밀폐형 (뚜껑과 용기 상단에 약간의 틈이 있는 유리 용기 또는 기하학적 디자인의 용기)	• 비단이끼(초보자 추천) • 털깃털이끼(복수 사용) • 아기들덩굴초롱이끼 • 들솔이끼 • 큰솔이끼	분무를 자주 하거나 배수층의 습도를 높게 유지하세요. 곰팡이나 웃자람 걱정이 적어 편리합니다.

습도 요구도 (관리 난이도)	적합 용기 형태	이끼 종류	관리 팁
고습도 유지 (어려운 관리)	밀폐형 (완전히 밀폐되는 용기)	• 나무이끼 • 봉황이끼(초보자 추천) • 너구리꼬리이끼(초보자 추천) • 꼬리이끼 • 납작맥초롱이끼 • 주목이끼 • 구슬이끼 • 큰꽃송이이끼	곰팡이나 웃자람이 생길 수 있으므로 더 많은 주의와 관리가 필요합니다.
비교적 저습도 유지 가능 (쉬운 관리)	개방형 (주로 이끼볼에 활용)	• 양지(서리)이끼(초보자 추천) • 털깃털이끼류(복수 사용)	주로 이끼볼에 활용하며, 공원 녹지에 활용

표6. 습도 요구도 분류

	가는흰털이끼 (비단이끼)	서리이끼 (양지이끼)	털깃털이끼
과	흰털이끼과	꼬깔바위이끼과	털깃털이끼과
학명	*Leucobryum juniperoideum*	*Racomitrium canescens*	*Hypnum plumaeforme*
사진			
서식지	산림의 습윤한 바위, 나무껍질, 부식토 등지	음지보다는 산지의 양지바른 곳 (빛을 좋아해 양지 이끼라고도 함)	계곡, 산지의 그늘진 숲 바닥, 낙엽 쌓인 곳, 바위 위, 나무 그루터기에 잘 자람
외형	잎이 부드럽고 얇으며 윤기가 있어 마치 비단결 같아 '비단이끼'라는 이름이 붙음	쭉쭉 곧게 뻗은 잎줄기형 이끼로, 작은 소나무 잎처럼 보이는 모양	잎이 뾰족하게 위로 솟아올라 마치 깃털처럼 촘촘하게 서 있는 형태
색깔	촉촉할 때 선명한 연녹색, 건조하면 약간 어두운 녹색	선명한 초록색, 햇빛을 받으면 살짝 금빛이 돌기도 함	촉촉할 때 짙은 연녹색, 건조하면 살짝 어두워짐
성장 형태	가늘고 섬세한 가지들이 뻗어 부드럽게 퍼지며 카펫처럼 바닥을 덮는 스타일	부드럽고 평평하게 퍼지며, 마치 잔잔한 깃털 러그 같은 군락 형성	둥글게 꽃 모양 군락을 이루며 낮게 퍼짐
촉감	부드럽고 촉촉한 질감	뻣뻣하고 힘이 있는 질감	약간 뻣뻣하면서도 부드러운 느낌
습도 반응	수분이 많을 때 더욱 선명하게 살아나며, 건조해도 쉽게 죽지 않고 물을 주면 다시 살아남	촉촉하면 초록빛이 선명해지고, 마르면 잎이 오그라들며 색이 옅어짐	수분이 많을수록 더 직립 형태로 살아나고 색이 선명해짐

	아기들덩굴초롱이끼	납작맥초롱이끼	구슬이끼
과	초롱이끼과	초롱이끼과	구슬이끼과
학명	*Plagiomnium acutum*	*Mnium lycopodioides*	*Bartramia pomiformis*
사진			
서식지	숲속 습지, 계곡 근처, 축축한 흙바닥, 그늘진 나무 밑동 서식. 음지성으로, 습하고 통풍 좋은 환경을 선호함	숲속 습지, 계곡 근처, 축축한 토양, 바위 표면에서 주로 자람 습하고 음지인 환경을 선호	숲속, 그늘진 낙엽층 위, 바위 위, 습하고 통풍이 잘 되는 곳, 음지성과 습윤성 이끼로, 약간 산성 토양을 선호
외형	잎이 초롱꽃처럼 작고 둥글며 반짝이는 타원형으로 달림	넓적하고 납작한 잎이 규칙적으로 줄기에 달려 있어 부채꼴 모양을 형성	위에서 보면 작은별과 같은 모양을 하고 있고, 보통 겨울에 성장하는 이끼로 서늘한 곳을 선호함
색깔	촉촉할 때 선명한 밝은 초록색, 건조하면 연둣빛으로 변함	촉촉할 때 선명한 초록빛, 건조하면 약간 누렇게 변함	촉촉할 때 연둣빛, 건조하면 은회색 또는 연녹색으로 변함
성장 형태	낮게 퍼지며 부드럽게 군락을 형성	선명한 초록색, 햇빛을 받으면 살짝 금빛이 돌기도 함	촉촉할 때는 짙은 연녹색, 건조하면 살짝 어두워짐
촉감	부드럽고 촉촉하며 윤기가 있어 물가 느낌에 적합	부드럽고 약간 두툼한 질감	푹신하고 스펀지 같은 질감
습도 반응	물을 머금으면 반짝반짝 살아나는 특성이 있어 테라리움 안에서 생동감이 뛰어남	물을 머금으면 잎이 넓게 퍼지고 반짝임	물을 머금으면 포슬포슬하게 부풀어오르고 색이 선명해짐

	주목이끼	봉황이끼	꽃송이이끼
과	털깃털이끼과	봉황이끼과	참이끼과
학명	*Taxiphyllum taxirameum*	*Fissidens nobilis*	*Rhodobryum roseum*
사진			
서식지	산림의 습윤한 바위, 나무껍질, 부식토 등지	숲속의 습윤하고 그늘진 토양, 낙엽이 쌓인 곳, 바위 주변	계곡, 해발 1,000미터 이상의 산지의 습한 부식토 위
외형	주목나무 잎처럼 가지가 옆으로 퍼지며 부드럽게 늘어진 형태	봉황의 깃털처럼 가지가 부드럽게 퍼진 모양으로, 깃털형 이끼 중에서도 섬세하고 우아한 형태	작은 꽃송이 형태로 잎이 방사형으로 퍼져 마치 작은 연꽃이나 장미 송이처럼 보임
색깔	촉촉할 때 맑은 초록빛, 건조하면 연둣빛 또는 약간 노르스름	촉촉할 때 선명하고 맑은 초록색, 건조하면 노르스름한 연녹색으로 변함	촉촉할 때 선명한 연녹색~밝은 초록색, 건조하면 색이 바래며 연둣빛
성장 형태	가늘고 섬세한 가지들이 뻗어 부드럽게 퍼지며 카펫처럼 바닥을 덮는 스타일	부드럽고 평평하게 퍼지며, 마치 잔잔한 깃털 러그 같은 군락 형성	둥글게 꽃 모양 군락을 이루며 낮게 퍼짐
촉감	가볍고 부드러우며 폭신한 느낌	얇고 부드럽지만 약간 탱글탱글함	부드럽고 촘촘하며 약간 폭신한 느낌
습도 반응	물을 머금으면 부드러운 가지 형태가 선명하게 살아나고 색이 뚜렷해짐	반응:수분을 머금으면 잎이 퍼지면서 생기 있게 살아남, 마르면 살짝 오므라듦	수분이 많을수록 송이 형태가 살아나고 색이 선명해짐

	들솔이끼	큰솔이끼	나무이끼
과	솔이끼과	솔이끼과	나무이끼과
학명	*Pogonatum neesii*	*Polytrichum formosum*	*Climacium japonicum*
사진			
서식지	숲속 음지, 습윤한 토양, 낙엽층 위, 바위 주변, 습하고 통풍이 좋은 환경을 선호하고, 약간 산성토양에서 잘 자람	숲속 음지의 낙엽층, 바위 위, 나무 밑동, 습윤하고 통풍이 잘되는 반음지~음지 환경을 선호	숲속 습윤한 토양, 물가 근처, 낙엽층, 바위 표면 특히 음지~반음지의 습하고 공기 흐름이 좋은 환경을 좋아함
외형	둥글둥글하게 군집을 이루는 동그란 쿠션형 모양, 마치 작은 이끼 공처럼 보임	솔잎처럼 잎이 위로 뻗으며 한 방향으로 흐르는 형태	작은 나무 형태로 줄기에서 가지가 갈라지며 위로 퍼지는 모양
색깔	연둣빛~밝은 초록색, 건조하면 은은한 회녹색	촉촉할 때 진한 초록색, 마르면 연둣빛 또는 살짝 황색	밝은 연둣빛~초록색, 물을 머금으면 더욱 선명해짐
성장 형태	포슬포슬하게 솟아오르는 형태, 개별 덩어리로 군락 형성	덩어리 형태로 자라며 위로 약간 솟아오름, 길게는 5~10cm	작은 숲이나 미니어처 나무처럼 군락을 이루며 자람
촉감	부드럽고 촉촉하며 윤기가 있어 물가 느낌에 적합	부드럽고 약간 두툼한 질감	폭신폭신하고 부드러우며 스펀지 같은 느낌
습도 반응	물을 머금으면 볼륨이 커지고, 색이 선명한 연초록으로 변함	물을 머금으면 잎이 활짝 펴지고 선명해짐, 마르면 오므라들며 색이 옅어짐	물을 머금으면 볼륨감이 풍성해지고, 마르면 축소되어 오므라듦

	꼬리이끼	너구리꼬리이끼
과	꼬리이끼과	너구리꼬리이끼과
학명	*Dicranum japonicum*	*Pyrrhobryum dozyanum*
사진		
서식지	습한 낙엽층, 바위 표면, 나무 밑동, 숲길 주변 습윤하고 반음지~음지 환경에서 잘 자라며, 통풍을 좋아함	숲속의 습윤한 토양, 낙엽층 위, 바위 표면, 계곡 주변 음지~반음지를 좋아하고, 습기와 통풍이 잘되는 환경에서 잘 자람
외형	이름처럼 동물 꼬리 같은 가는 가지들이 옆으로 퍼지며 섬세하게 자라는 형태	이름처럼 너구리 꼬리 같은 풍성하고 길쭉하게 뻗은 가지들이 부드럽게 퍼짐
색깔	선명한 연둣빛~초록빛, 물을 머금으면 더욱 맑은 초록으로 변함	선명한 연둣빛~밝은 초록, 촉촉할 때 더욱 선명해짐
성장 형태	가는 줄기에서 섬세하게 잔가지가 뻗으며 바닥을 덮는 형태	가지가 옆으로 퍼지면서도 살짝 위로 올라오는 부드러운 물결형
촉감	부드럽고 가벼운 질감, 폭신폭신	아주 부드럽고 가벼운 질감, 살짝 스펀지 같음
습도 반응	촉촉해지면 잎이 퍼지면서 컬이 살아나고 색이 진해짐, 건조하면 오므라듦	물을 머금으면 부풀며 잎이 활짝 펴지고, 마르면 가볍게 오므라듦

표7. 국내 테라리움에 자주 사용되는 이끼 14종

3. 이끼 관리 방법 5가지

1) 빛 (광량 조절)

이끼의 성장에는 빛이 중요하다. 이끼는 광합성을 통해 활동하기 때문에, 빛은 매우 중요한 요소이다. 어두운 곳에서도 생장은 하지만 이끼는 의외로 밝은 곳을 선호하기에 밝기가 부족하면 약해져 가늘게 웃자라거나, 곰팡이가 발생하는 원인이 되기도 한다. 이끼에 적합한 밝기는 500~2000lux 정도로 알려져 있지만, 최소한 책을 읽을 수 있는 정도의 밝기는 필요하다. 하루 중 8시간 정도 밝은 장소가 이상적이며, 어두운 방에서 키울 때는 LED 조명을 이용하는 등 밝기를 보충하면 좋다.

요약 노트

- 이끼는 '은은한 간접광'을 좋아한다.
- 직사광선은 피하고, 빛이 너무 부족해도 안 된다.
- 인공조명(LED 식물 등)을 활용하면 안정적인 관리가 가능하다.

2) 물 (습도 및 물 주기)

뚜껑이 있는 용기에서 키우는 이끼는 2~3주에 한 번을 기준으로 이끼 전체를 적시도록 분무기로 물을 준다. 이끼는 잎과 줄기에서 물과 최소한의 영양을 흡수하기 때문에 이끼 전체를 적시는 것이 중요하다. 공중 습도 유지를 위해 흙의 상태도 관찰하고, 마르면 흙에도 물을 적셔주도록 한다. 물이 너무 많아 용토에 물이 고일 정도면 이끼가 손상되거나 곰팡이가 발생하는 원인이 되므로, 너무 많이 주었을 때는 용기를 약 15°~20°가량 기울

여 스포이드나 티슈 페이퍼 등으로 여분의 물을 흡수한 뒤 버리면 된다.

요약 노트

- 이끼는 물 빠짐보다 습도 유지가 더 중요하다.
- 물은 이끼의 겉면이 마르기 전 가볍게 분무한다.
- 분무 시, 수돗물보다 정수된 물, 빗물, 증류수가 이상적이다.
- 용기 내부에 물이 고이면 곰팡이 및 부패가 발생할 수 있다.

3) 관리 온도

밀폐된 용기 안의 이끼는 어느 정도의 온도에서 견딜 수 있을까? 본 서에서 소개하고 있는 이끼의 적정 온도는 10℃~26℃이며, 최고 30℃(성장이 멈추거나 둔해지는 온도)이다. 그러므로 직사광선이나 그와 유사한 온도는 유리온실 효과를 가져오기 때문에 이끼가 회복하기 어려울 정도로 시들어 버릴 수 있다. 이끼는 낮은 영하의 날씨에도 동면에 들어 죽는 일은 없으나, 일부 특정한 이끼는 얼기도 한다. 그런 때에는 해동하지 않고 실온에서 스스로의 힘으로 회복할 수 있도록 놓아두는 것이 좋다. 동절기에는 크게 염려할 바가 없다. 남은 이끼는 이끼 케어 박스(투명한 아크릴 리빙 박스 등)를 만들어 실내에서 보관하면 된다.

요약 노트

- 실내 적정 온도는 15℃~26℃이다(실내 온도 유지 중요, 에어컨/난방기 직풍은 피한다).
- 여름철에 사용하고 남은 이끼는 젖은 키친타월에 싸서 지퍼백에 넣어 냉장 보관하되, 4~5개월은 넘기지 말아야 한다.

- 건조되기 전에 꼭 보관한다!

4) 환기(공기 순환)

뚜껑이 있는 용기에서 기르는 최대의 장점은 습도를 유지할 수 있기 때문에 실내에서도 부담 없이 이끼를 즐길 수 있다는 것이다. 1개월 이상 뚜껑을 닫은 채로 공기를 바꾸지 않는다면 웃자람 현상이나 곰팡이가 생길 수 있지만 죽거나 하지는 않는다. 하지만 신선한 공기는 이끼를 더 건강하게 키울 수 있기 때문에 주기적으로 환기를 해주면 이끼는 더 건강하게 자란다. 시간적 여유가 있을 때는 하루 한 번, 5분 정도의 환기를 추천한다.

요약 노트

- 밀폐형은 주기적으로 열어 환기한다(주 3~4회).
- 뚜껑을 열어 5분 정도 공기를 순환시킨다.
- 곰팡이 예방에 효과적이다!

5) 비료(영양)

기본적으로는 주지 않아도 잘 자라며 비료를 사용하면 용기 안에 조류가 발생하여 유리 안쪽이 지저분해지므로 특히 주의해야 한다.

요약 노트

- 이끼에는 기본적으로 비료가 불필요하다.

- 과한 영양은 오히려 독이 된다!

4. 이끼 채취의 윤리와 지속 가능한 테라리움 문화

1) 이끼의 매혹과 그늘

최근 이끼 테라리움은 마음을 치유하는 힐링 아이템으로 주목받고 있다. 이끼는 겉보기에 단순하고 작아 보이지만, 생태계의 중요한 균형을 지탱하는 소중한 생명체이다. 이끼는 멀리서 바라보는 것만으로도 일상의 피로를 위로하고, 자연과 다시 연결되는 감각을 선사한다. 그러나 그 인기가 높아질수록 보이지 않는 그늘도 짙어진다.

우려되는 일은 테라리움이 유행하게 되면 무분별하게 채취되는 이끼 숲의 운명이다. 상업적 재배 기술이 아직 널리 보급되지 않은 상황에서 일부 수요를 맞추기 위해 산림이나 도시 화단의 이끼를 손쉽게 가져가는 사례가 적지 않게 발생할 수 있다.

2) 느리게 자라는 생명

이끼는 씨앗이 아닌 포자로 번식하며, 자라는 데 꽤 오랜 시간이 필요하다. 어떤 종은 1년에 1mm도 자라지 않으며, 작은 군락이 자리를 잡고 지역 생태권을 이루는 데 수십 년이 걸리기도 한다. 이러한 이끼를 무분별하게 채취하면, 미세 생태계는 쉽게 훼손된다. 아파트 화단, 오래된 돌담, 나무껍질에 자리한 이끼들은 도시 미관을 지킬 뿐 아니라, 수분 조절, 토양 침식 방지, 미세먼지와 오염물질 정화, 곤충과 미생물의 서식처 등 다양한 생태적 기능을 담당한다.

도시 곳곳에 분포한 이끼 숲은 단순한 식물이 아니라, 지구의 탄소흡수원이자 도시 생태계의 중요한 기반이다. 따라서 이끼의 훼손은 단지 미관의 파괴에 그치지 않고 자연의 균형, 지구를 위협하는 일이 된다.

3) 도시의 이끼, 누구의 것인가?

이끼는 콘크리트 틈새나 오래된 담벼락, 자갈길 등 우리가 미처 신경 쓰지 않는 곳에서 묵묵히 제 역할을 다하며 살아간다. 이러한 이끼를 무단으로 채취하거나 훼손하는 것은 사유지나 공동재산을 해치는 행위가 될 수 있고, 이웃 간 갈등을 일으킬 위험도 있다.

이런 행위가 반복되면 도시에 남아 있던 작은 자연의 자취마저 사라지고, 사람들의 생태적 감수성 또한 점차 메말라 갈 것이다.

4) 지속 가능한 테라리움 문화에서 지켜야 할 세 가지 대안

① 자연 상태의 이끼는 채취 대신 관찰만 하고 사진으로 기록하거나 노트에 담아두는 습관을 권한다. 이 자체가 소중한 학습과 경험이 될 수 있기 때문이다.

② 실내 환경에 적합하도록 인공 재배된 이끼를 구매해 윤리적 소비를 실천하는 방법이 있다. 온실이나 스마트팜에서 키운 이끼는 안정적인 공급이 가능하며 자연 훼손을 줄인다.

③ 테라리움을 제작하고 남은 이끼는 버리지 말고, 간단한 이끼 케어 박스를 만들어 자가 번식에 도전해 보자. 작은 실험이지만 생태적 책임감을 키우는 소중한 경험이 될 것이다.

5. 이끼 검역(소독)

1) 이끼 검역 준비물

① 소독액(락스, 구연산, 비오킬)

② 소독액을 계량할 수 있는 수저 및 비커 (약국에서 구매 가능한 주사기를 추천한다.)

③ 소독액과 이끼를 담을 만한 넓은 용기   ④ 일회용 비닐장갑   ⑤ 마스크

2) 이끼 검역 방법

① 물 1000 : 락스 1로 혼합하여 5~10분간 이끼를 담근(침지) 후 흐르는 물로 3~4회 헹구는 방식

② 물 15 : 구연산 1의 비율로 5~10분 침지 후 흐르는 물로 3~4회 헹구는 방식

③ 물 1L : 비오킬 20ML 비율로 수 시간 담가 두어도 좋다.(제일 안전한 검역 방법)

④ 구매한 건조 이끼의 경우, 하루 동안 물에 담가 두었다가 꺼낸 후 검역을 진행하고 흐르는 물로 3~4회 헹구는 방식으로 처리한다.

6. Q&A

Q. 이끼가 남았어요, 어떻게 보관하죠?

A. 정해진 답은 없다. 습도 높은 여름철 고온에서는 짓무를 수 있으므로, 이끼를 건강하게 유지 보관하려면 30℃가 넘지 않도록 관리해야 한다. 만일 관리하는 장소의 기온이 약 30℃가 넘는다면 지퍼백에 넣은 다음 플라스틱 밀폐용기에 넣어 냉장고(서늘한 곳)에 보관하도록 한다. 하지만 냉장고에서도 약 3주에 한 번은 환기 후 다시 보관하는 것을 추천한다. 가능하면 4~5개월을 넘기지 않는 것이 좋다.

Q. 이끼가 갈색으로 변했어요, 어떻게 대처하나요?

A. 이끼의 갈변 원인은 세 가지이다.

① 새싹이 나오고 오래된 잎은 갈색으로 변(퇴)화

② 계절의 변화 등에 의한 급격한 환경 변화

③ 극단적으로 더워지거나, 급격하게 건조하거나 하는 것 등이다.

대처 방법 이끼가 갈색이 된 부분을 빨리 가위로 제거해야 한다. 한 번 갈색이 된 부분은 녹색으로 돌아오지 않고, 방치하면 전체에 퍼지거나 곰팡이가 발생하는 원인이 될 뿐이다. 나무이끼나 꼬리이끼와 같은 직립형 이끼의 경우 혹시라도 곰팡이가 의심된다면 곰팡이 부분은 빨리 제거해 주는 것이 좋다. 그곳으로 낭비되던 양분이 줄기로 모여 새순을 빨리 볼 수 있기 때문이다.

Q. 이끼에서 벌레가 나왔어요.

A. 구연산이나 락스로 검역(소독)해야 한다! 이끼는 자연환경에서 곤충, 미생물, 작은 동물들의 서식지 또는 산란 장소가 되기도 한다. 벌레는 이끼 아래 깊숙이 숨어 있기 때문에, 심을 때 가근(가짜뿌리)에 붙어있는 지저분한 이물질들을 깔끔하게 제거하는 것이 가장 좋은 대책이다. 또, 숲에서 임의로 채취한 이끼보다 재배된 이끼 쪽이 벌레가 잘 발생하지 않는다. 만약 벌레나 애벌레를 발견하면 족집게로 제거한다. 벌레가 발견되면 살충제가 효과적이지만, 더운 시기의 낮이나 건조한 상태에서 사용하면 오히려 약으로 인한 피해가 생길 수 있기 때문에 시원한 시간대에 이끼가 축축할 때 사용하면 좋다.

Part.3
작은 숲, 테라리움을 만들다

작은 숲,
테라리움을 만들다

    이제 우리는 자연을 이해하고, 감응하고, 그리워하는 단계를 지나 직접 손으로 만드는 여정에 이르렀다. 테라리움은 거창한 도구나 복잡한 기술이 필요하지 않다. 단지 식물을 바라보는 따뜻한 마음과, 작은 세계를 조심스럽게 다듬고자 하는 손끝의 섬세함만 있다면 누구나 시작할 수 있다.

    이 장에서는 초보자도 쉽게 따라 할 수 있도록 테라리움 제작 과정을 사진과 함께 자세히 안내한다. 흙을 고르고, 식물을 배치하며, 돌 하나하나를 얹는 작업은 단순한 조립이 아니다. 그것은 나만의 생태계를 설계하고, 작은 생명을 위한 터전을 마련하는 가장 사적인 창조의 순간이다.

    제작의 기쁨은 결과물이 아닌 과정에 있다. 식물을 직접 만지고, 유리병 속에 작은 숲을 심는 그 순간 우리는 잠시나마 세상의 빠른 흐름에서 벗어나 '지금, 여기'에 집중하게 된다. 그 집중의 시간은 어느새 마음의 속도를 늦추고, 자신을 돌보는 새로운 리듬이 되어 준다.

　이 장이 당신의 손끝에서 시작될 초록의 이야기에 조용히 불을 밝혀주는 길잡이가 되기를 바란다. 그리고 그 작은 생태계 속에서, 당신만의 위로와 연결을 피워내기를 기대한다.

1. 제작 과정 10가지

온실 속
자연 그대로

- **식물:** 비단이끼, 나무이끼, 좀마삭줄, 헤마리아 보석란
- **돌:** 황호석, 마사 소립, 산야초, 적옥토 소립
- **용기:** 온실 유리용기
- **도구:** 숟가락, 핀셋, 붓

제작 과정

❶ 온실 유리용기에 마사를 2cm 정도 깔아 배수층을 만든다. 그 다음 붓을 이용해 마사를 정리하고, 뒤쪽을 살짝 올려 경사진 지형을 표현한다.

❷ 돌을 경사가 있는 뒤쪽으로 배치한다.

❸ 산야초를 자리잡은 돌 사이와 깔아놓은 마사 위에도 올려준 후, 돌 틈사이에 좀 마삭줄을 심는다. 비단이끼도 사이사이 잘 어울릴 수 있게 심는다.

❹ 예쁘게 완성되었다면 포인트가 될 수 있도록 포자가 핀 이끼를 유리온실의 앞면에 심고, 미니어처 소품으로 장식을 한다.

이끼 언덕과 계단 정원

- **식물:** 비단이끼, 솔이끼, 나무이끼, 구름이끼, 제주애기모람, 야쿠시마바위취, 석창포, 다바나고사리
- **돌:** 청룡석, 풍경석, 황호석 미니, 마사 소립, 산야초, 생명토
- **용기:** 원형 유리 용기
- **도구:** 핀셋, 숟가락, 가위, 보조 막대

제작 과정

❶ 유리 용기에 배수층으로 마사를 2cm 깔고, 돌의 위치를 정해서 놓는다.

❷ 숟가락을 이용해서 유리 벽면에 생명토를 경사지게 바른다.

❸ 황호석을 생명토에 붙여 계단을 만든다.

❹ 핀셋을 이용해서 이끼와 식물을 심어 완성한다.

포식자의 정글

- **식물:** 사라세니아 푸푸레아, 비단이끼, 꽃송이이끼, 너구리꼬리이끼, 솜사탕고사리, 제주애기모람
- **돌:** 풍경석, 화산석 소형, 마사 소립, 산야초
- **용기:** 삼각 유리 온실 용기
- **도구:** 가위, 핀셋, 숟가락, 보조 막대

제작 과정

❶ 유리 용기에 배수층으로 마사를 2cm 깔고, 돌의 위치를 정해서 놓는다.

❷ 사라세니아 푸푸레아를 한쪽에 심는다.

❸ 돌 주변에 솜사탕 고사리와 너구리꼬리 이끼를 심고, 뒤쪽으로 꽃송이이끼를 심어준다.

❹ 비단이끼, 제주애기모람을 심은 뒤 물을 충분히 주고 뚜껑을 닫아 관리한다.

작은 거북이의 나무 여행

- **식물:** 큰솔이끼, 거북이페페
- **돌:** 화산석 소형, 마사 소립, 산야초, 강모래
- **용기:** 긴 유리 용기
- **도구:** 붓, 스포이트, 보조 막대, 숟가락

제작 과정

❶ 입구가 좁은 긴 유리 용기에 강모래, 마사토, 산야초 순으로 5cm 정도 채운다.

❷ 너무 굵지 않은 유목을 용기 안에 자리 잡아 놓는다.

❸ 핀셋을 사용해 큰솔이끼를 산야초에 심는다.

❹ 거북이페페를 심고, 긴 줄기를 유목에 감아준다.

사슴이 머무는 온실

- **식물:** 비단이끼, 큰솔이끼, 다네마난
- **돌:** 황호석, 마사 소립, 원예 상토, 화산석 소립, 적옥토 소립
- **용기:** 유리 온실 용기
- **도구:** 핀셋, 숟가락, 붓
- **기타:** 사슴 피규어, 고무밴드

제작 과정

❶ 고무밴드를 이용해 디네마난을 황호석에 고정한다.

❷ 배수층으로 화산석, 마사 등을 깔고, 돌에 붙인 디네마난을 한쪽에 놓는다.

❸ 반대쪽에도 돌을 넣은 다음 이끼를 붙인다.

❹ 큰솔이끼와 비단이끼로 마무리하고 물을 주어 마르지 않도록 관리한다.

화산섬의 작은 숲

- **식물:** 아기들덩굴초롱이끼
- **돌:** 화산석, 마사 소립
- **용기:** 돔형 유리 용기
- **기타:** 고무밴드

제작 과정

❶ 아기들덩굴초롱이끼를 세척해 준비한다.

❷ 화산석 위에 아기들덩굴초롱이끼를 가지런히 놓는다.

❸ 준비된 고무줄을 이용해 아기들덩굴초롱이끼를 고정한다.

❹ 원형 바닥 용기에 마사를 깔고, 아기들덩굴초롱이끼를 붙인 화산석을 올려놓은 다음, 마사가 충분히 물에 잠기도록 물을 채운다.

이끼 벽 정원

- **식물:** 비단이끼, 아기들덩굴초롱이끼, 제주애기모람, 구름이끼, 야쿠시마바위취, 코니오그램고사리
- **돌:** 풍경석, 마사 소립, 산야초, 원예 상토, 생명토
- **용기:** 사각 유리 용기
- **기타:** 핀셋, 숟가락, 가위, 보조 도구

제작 과정

❶ 사각 유리 용기에 생명토를 붙인다.

❷ 배수층으로 마사를 넣고, 생명토 위에 돌을 붙인다.

❸ 생명토에 이끼를 심고, 제주애기모람도 이끼 사이에 심는다.

❹ 돌 틈 사이에 야쿠시마바위취를 심고, 바닥에도 이끼를 심어 마무리한다.

고요한 이끼 행성

오픈형이므로 물이 마르지 않도록
관리해 주면서 감상한다.

· **식물:** 털깃털이끼, 플로리다옐로우고스트 알보
· **돌:** 마사 소립, 원예 상토
· **용기:** 원형 유리 용기
· **기타:** 가위, 낚싯줄, 돗바늘

제작 과정

❶ 식물을 포트에서 뺀 후, 털깃털이끼로 감싼다.

❷ 뿌리 부분을 이끼로 잘 감싼 다음, 낚시줄을 이용해 풀어지지 않도록 돌려주면서 볼 모양을 만든다.

❸ 볼 모양을 사진과 같이 완성한다.

❹ 유리 용기에 배수층인 마사를 깔고, 강모래로 층을 예쁘게 만든 다음 산야초를 넣는다. 그리고 완성된 플로리다옐로우고스트볼을 넣고, 충분히 물을 주고 관리한다.

오각형 속 다육정원

- **식물:** 우주목, 아악무, 홍기린, 파랑새
- **돌:** 마사 소립, 원예 상토, 강모래 흰색, 강모래 핑크색
- **용기:** 오각형 유리 용기
- **기타:** 붓, 숟가락, 핀셋

제작 과정

❶ 깨끗이 씻은 마사를 배수층으로 유리 용기 맨 아래에 깐다.

❷ 유리 용기 가장자리에 장식 모래를 둘러주고, 중앙에 다육식물이 잘 살 수 있도록 원예용 상토를 깐다.

❸ 준비된 다육식물을 가운데에 순서대로 모아서 심는다.

❹ 다육식물을 심은 후 돌을 넣어 자연스럽게 디자인한 다음 마사를 올려 깔끔하게 마무리한다.

햇살 아래
숨 쉬는
식충의 세계

- **식물:** 비단이끼, 초롱이끼, 사라세니아 푸푸레아, 스틸리디움데빌레, 드로세라 카펜시스, 드로세라 프로리페라
- **돌:** 풍경석, 마사 소립, 산야초, 원예 상토
- **용기:** 원형 유리 용기
- **기타:** 가위, 핀셋, 숟가락, 붓, 보조 막대

제작 과정

❶ 마사토로 배수층을 깔아 준 다음, 돌을 넣는다.

❷ 원예용 상토를 넣고 식충식물을 식재한다.

❸ 산야초를 넣은 후, 이끼를 심는다.

❹ 포인트 컬러가 되는 사라세니아 푸푸레아를 중심에 식재하고, 물을 주어 마무리 한다.

2. 식물 관리 요령

테라리움 식물 관리 요령은 단순한 실내 식물 관리보다 훨씬 정밀하고 체계적인 접근이 필요하다. 테라리움은 밀폐되거나 제한된 공간 안에서 광, 습도, 온도, 통풍, 기질 등 미세 환경이 복합적으로 작용하기 때문이다.

1) 광 관리

식물 성장의 에너지를 조절하는 중요한 요소이므로, 직사광선은 피하고, 간접광 또는 식물용 LED광을 제공하는 것이 바람직하다. 이상적인 광량은 1000~2500 lux 정도의 산란광(soft diffused light)으로, 12~14시간의 광주기(Photoperiod)가 식물의 생체 리듬 유지에 가장 좋다.

테라리움 내 수분이 충분함에도 식물의 잎이 늘어진다면 광 부족을 원인으로 의심할 수 있다. 이때는 조명 보강 또는 위치 이동으로 빛의 광량을 조절해야 한다.

토양에 수분이 있음에도 잎이 심하게 마른다면 과도한 빛(열)을 의심해 볼 필요가 있다. 이때에는 직사광선이 들지 않는지 확인하고 조명과의 거리 확보 또는 필름 차광을 통해 잎 마름을 해결한다.

2) 물 주기 및 습도 관리

테라리움 내 수분 밸런스 유지는 매우 중요하다. 물 주기의 기준은 테라리움이 위치한 환경(용기의 형태, 광, 통풍, 온도 등)에 따라 달라지겠지만, 보편적으로 환경의 별다른 변수가 없다면 밀폐형 테라리움의 경우 3~4주 간격으로 아주 소량의 물을 추가해 준다. 바닥에 배수층이 있어야 하고, 이끼나 토양 위에 분무형 관수를 선호한다. 내부 유리 벽에 물방울이 적절히 맺히는 상태가 가장 이상적이다.

개방형 테라리움의 경우 1주 1~2회 정도 토양을 중심으로 천천히 물을 주며, 이끼가 있다면 이끼는 자주 분무하여 마르지 않도록 관리해 주는 것이 좋고, 배수구가 없는 용기 사용 시 과습은 반드시 피해야 하므로 물의 양에 주의한다.

3) 온도 관리

테라리움의 온도는 일반적으로 18~26°C 유지가 이상적이며, 밤에는 소폭 낮아져도 무방하나 온도 편차가 큰 것은 바람직하지 않다.

여름철에는 조명과 햇빛 열로 인해 내부가 30°C 이상 올라갈 수 있으므로, 환기구 개방 또는 위치 선정에 신중을 기한다. 또한, 온도 변화에 민감한 식물을 체크하여 식재 시 참고하여 디자인한다.

3. 테라리움의 관리 요령

1) 테라리움 형태 유지를 위한 요령

① 통풍 및 환기 관리

곰팡이와 부패 예방에 직접적인 영향을 미친다. 밀폐형의 경우, 주 1~2회 약 20~30분 개방 환기를 권장한다. 식물의 식재 간격이 너무 좁으면 잎과 잎 사이에 공기가 정체되어 병원균 번식이 쉬우므로, 밀폐형은 평소 세심한 관찰을 통해 관리해 주는 것이 좋다. 만약 환기가 어렵다면 개방형 구조 설계를 권장한다.

② 트리밍

- 테라리움 식재 후 시간이 지나 식물이 많이 자란 경우에는 트리밍을 진행하여 식물의 형태 유지에도 신경을 써야 한다.
- 트리밍을 통해 식물의 형태를 유지하며 지나친 잎 확장을 방지하여 디자인을 유지한다. 빠르게 자라는 종의 크기를 조절하여 생장을 조절해 준다.
- 테라리움 내 위층 잎을 제거하여 하층 식물에 빛이 도달하도록 채광을 확보하고, 잎이 겹치거나 밀집된 부분의 간격을 확보하여 통풍을 유도한다.
- 병든 잎은 즉시 제거하여 감염 확산을 방지하고 건강한 조직만 유지하게 한다는 측면에서 테라리움 내 트리밍은 필수이다.
- 테라리움 식물의 트리밍은 단지 미관 유지를 넘어서, 공간 내 생태적 균형, 공기 흐름 확보라는 중요한 역할을 한다. 미세 환경이 복합적으로 작용하기 때문이다.

2) 병해충 발생 시 관리 요령

다음은 테라리움에서 발생하는 흔한 병해와 해충 관리(Disease & Pest Control)에 대해 알아보자.

① 병해

병해명	증상	원인
잎곰팡이 (Botrytis cinerea)	잎 표면에 회색 곰팡이가 가루처럼 앉음	과습, 통풍 부족
뿌리 썩음 (Pythium sp.)	잎 시듦, 뿌리가 검게 변색	수분 과다, 통기성 부족 (배수구 없는 테라리움에서 흔함)
백분병 (Powdery mildew)	잎에 흰 가루 같은 곰팡이가 흩뿌려짐	습기 과다, 빛 부족

표8. 병해의 증상과 원인

- **관리 방법** 보통 테라리움에서 과습으로 인한 곰팡이성 질환은 충분한 빛과 통풍으로 개선되나, 그 피해가 심하다면 약품을 사용하여 곰팡이를 억제하는 방법도 있다. 시중에서 판매하는 테라리움 곰팡이 예방제(예: GEX사의 '아쿠아 테라 리퀴드'는 유목, 조경석의 곰팡이를 억제하고 냄새 제거 및 식물 성장에도 도움을 줌)를 사용하거나, 어항용 박테리아나 미생물 활성제를 물에 희석하여 사용하기도 한다.

- **주의 사항** 곰팡이는 공기 중에 먼지처럼 포자를 날려 천식이나 알레르기 등 질병을 유발하기도 하므로, 산소가 존재하고 습도가 높은 테라리움 환경에서는 발생 빈도가 높으니 잘 예방하고 관리하는 것이 중요하다.

② 충해

충해명	증상	관리 방법
응애 (Spider mites)	잎에 작은 흰 점, 실처럼 얽힘	물 분무로 씻고, 허브류 추출제 등 천연 살충제 살포
깍지벌레 (Mealybugs)	잎 뒷면에 하얀 솜털 덩어리	발생 부분 일부 절단 제거 잎량이 부족하면 면봉에 에탄올 묻혀 닦고 예방제 분무
진딧물(Aphids)	새순 주위 군집, 식물 진액 흡즙, 배설물로 기공 막음	식물 잎 제거 우선. 제거 후 계피물 또는 친환경 농약 사용 권장

| 뿌리파리 (Sciarid flies/Gnat) | 1~4mm 작은 날벌레. 과습 시 빈번 발생, 토양에 알 산란 | 작은 테라리움의 경우 계피가루를 24시간 우린 물 분무(항균 효과) BTI 제제는 실내 사용 비권장 |

표9. 충해의 증상과 관리 방법

- 전체 관리 원칙 "관찰 → 조기 대응 → 위생 유지"의 순환적 접근이 중요하다.

3) 테라리움 내 병해충 예방

① 예방이 가장 중요

실내에서는 외부 침입 리스크가 적으므로 식물 도입 시 잘 관찰하는 것이 중요하다. 응애는 자주 물을 뿌리면 없어지는 경우가 많지만, 배수구가 없는 테라리움에 발생하면 어려울 수 있다. 깍지벌레는 매우 끈질기므로 손으로 제거하는 수밖에 없다. 최대한 발생하지 않도록 미연에 예방하는 것이 가장 중요하다.

② 제작 시 예방

- 작품 제작 시에는 필히 살균된 토양을 사용하고 피트모스, 코코피트, 펄라이트 등은 저온 살균 제품을 선택하는 것이 좋다.
- 배수층 설계 시에는 자갈(마사토)과 활성탄으로 습기가 정체되는 것을 방지한다.
- 관수를 조절하여 과습을 피하고 분무 방식으로 소량 공급하는 것이 좋다.
- 밀폐형 테라리움은 주기적인 환기가 필수이며(주 2~3회 30분 이상), 잎이 흙에 닿지 않게 배치하여 알 산란을 억제하도록 한다.

4) 테라리움 내 병해충 관리 방법

① 발생 시 대응

- 선제적 예방이 불가하여 병해충에 노출되었다면, 소형 테라리움의 경우에는 전체 흙갈이와 식물 케어 후 재식재를 권장한다.
- 부득이하게 재식재가 곤란한 대형 테라리움 및 소형 테라리움의 경우에는 약제 살포로 빠른 시간 내 관리할 것을 추천한다.
- 감염 시 감염 식물을 즉시 분리하고(위생 장갑 착용), 유리 벽 및 용기 내부를 에탄올+물 1:1 혼합액으로 닦아주고, 오염된 토양 혹은 상층 토양은 일부 제거 또는 교체한다.
- 주변 식물에는 곰팡이 억제제(베노밀 계열 희석)를 살포하는 것이 좋다. 약제 살포 후에는 특히 환기를 강화하고 광량을 줄여주는 것이 중요하다.

② 환경적 예방 및 방제

- 테라리움은 식물의 위치를 적절하게 조정함으로써 환경적인 특성으로 예방 및 방제가 가능하다.
- 테라리움 제작 시 상부(빛 많은 곳)에는 고광 요구 식물을 배치하고, 중앙(온습도 안정)에는 다수의 식물을 기본 위치하게 한다.
- 하단(그늘/습한 곳)에는 이끼류, 고사리류 등 저광 습도형을 배치하고, 적절한 트리밍과 관수량을 유지한다면 아주 잘 관리된 테라리움을 감상할 수 있을 것이다.

4. 테라리움의 정서적 효과

1) 몰입과 집중을 통한 마음의 평온

테라리움을 제작하는 동안 작은 식물과 재료 하나하나에 집중하게 되는데 이 몰입은 일상의 복잡한 생각들을 잠시 내려놓게 하고, 마음의 안정을 찾는 데 도움이 되는 일종의 '마음 챙김' 활동으로 작용한다.

2) 생명을 다루는 감동과 책임감

스스로 만든 작은 생태계를 보며 '내가 돌보는 생명'에 대한 책임감과 애정을 느끼게 된다. 이는 특히 정서적으로 고립감을 느끼는 사람들에게 긍정적인 자극을 준다. 자기 효능감을 회복하는 데에도 효과적이다.

3) 자연과의 연결감 회복

현대인의 삶은 자연과 점점 멀어지고 있지만, 테라리움은 작은 공간 속에서도 자연과 다시 연결되는 경험을 제공한다. 이는 인간이 본능적으로 자연과 연결되었을 때 느끼는 심리적 안정감과 관련이 있다.

4) 표현과 창작을 통한 자존감 향상

테라리움은 개인의 취향과 감성을 반영할 수 있는 창작물로 알려져 있다. 자신만의 이야기를 담아 디자인하면서, 자기표현의 기쁨과 자존감을 느낄 수 있게 된다.

5) 치유의 상징으로서의 공간

완성된 테라리움은 단지 장식물이 아닌, 자신을 위로하는 작은 숲이자 감정의 피난처가 된다. 보는 것만으로도 안정감을 주며, 감정을 추스르기 위한 시각적, 감각적 도구가 될 수도 있다.

감사의 글: 하나

여러 기관과 학교 등에서 원예 수업을 진행하였는데, 그 중 테라리움을 수업하며 코로나와 기후 위기와 같이 자연 생태계를 사람이 함부로 사용하면서 생기는 현상에 대해 어떻게 이해시키고 자연을 잘 보호하는 마음을 갖게 가르쳐야 할까 나름대로 고민해왔습니다.

그러던 중 작은 테라리움 수업을 했는데 수업이 끝난 6개월이 지나도 여전히 잘살아있는 이끼와 작은 식물들을 보았습니다. 이 모습이 재미있어서 계속 연구하고 여러 가지 디자인으로 작업해 왔고, 교류하던 분들 중 생각이 같은 선생님들과 교재를 만들어 함께 수업을 하고자 책을 만드는 작업을 하여 출간에 이르게 되었습니다.

이 책을 읽고, 직접 만들어보며 마음을 돌보는 여정에 함께해주신 모든 독자 여러분께 진심으로 감사의 인사를 전합니다. 이 책이 여러분의 일상에 작은 위로와 평온을 전할 수 있었다면, 그 자체로 집필의 보람을 느낍니다.

아울러 이 책을 함께 집필한 공동 저자 여러분께도 깊은 감사를 전합니다. 각자의 전문성과 따뜻한 시선이 어우러져 이 책이 더욱 풍성하고 깊이 있는 작업으로 완성될 수 있었습니다. 함께한 시간이 저에게도 큰 배움과 기쁨이었습니다.

그리고 무엇보다, 집필 중 우리 곁을 떠나신 윤혜영 선생님을 기억합니다. 선생님의 섬세한 감성과 깊은 통찰은 이 책 곳곳에 살아 숨 쉬고 있습니다. 선생님의 따뜻한 손길과 진심 어린 작업은 이 책의 소중한 일부로 남아 있으며, 그 뜻이 독자 여러분의 마음을 통해 오래도록 이어지기를 진심으로 바랍니다.

이 책은 단순한 테라리움 만들기를 넘어, 식물을 돌보는 시간을 통해 자신을 들여다보고 마음을 치유하는 경험을 제안합니다. 독자 여러분 각자의 삶 속에서 이 작은 정원이 깊은 쉼이 되었기를 바랍니다.

여러분의 마음에 작은 위로가 되기를 바라며, 다시 한번 모든 독자분들과 집필에 함께해주신 분들께 진심으로 감사의 마음을 전합니다.

저자 **임순옥**

감사의 글: 둘

　이 순간, 이루 말할 수 없는 감격과 벅차오르는 감사함으로 제 마음은 잔잔히 물들고 있습니다. 한편으로는, 이 소중한 여정이 마침표를 찍는다는 아쉬움 또한 가슴 한편에 고이 배어들어 먹먹함을 안겨주네요.

　테라리움과 함께한 시간들이 한 권의 이야기로 피어나기까지, 흙 한 줌, 이끼 한 조각, 이름 모를 작은 식물 하나하나가 제게 건넸던 따뜻한 속삭임들을 오롯이 담아냈습니다. 이 책은 단순히 테라리움의 작은 자연을 소개하는 것을 넘어, 평생을 꽃과 식물 곁에서 살아온 한 플로리스트의 진심 어린 사랑이자, 지친 일상 속 당신에게 건네는 가장 조용하고도 깊은 위로입니다. 이 모든 과정이 저에게는 벅찬 보람으로 다가왔음을 고백합니다.

　도시의 소음 속에서 잃어버렸던 평온을, 손끝으로 느끼는 초록빛 생명의 섬세한 숨결 속에서 그 지혜를 여러분과 나누고 싶다는 마음으로 꽃과 식물이 주는 경이로움 속에서 삶의 의미를 되새겼던 플로리스트로서의 지난 시간들이 저를 이 글의 길로 이끌었음을 믿어 의심치 않습니다.

　부디 이 책이 여러분의 마음에 작은 쉼터가 되고, 투명한 유리병 속 테라리움의 세계가 당신의 가장 깊은 내면에 자리한 자연을 향한 그리움을 채워주길 진심으로 바라봅니다.

　테라리움을 처음 만나는 설렘부터, 그 깊이를 탐험하고 싶은 호기심 가득한 발

걸음까지, 이 책이 당신의 모든 여정에 든든한 동반자가 되어주기를 꿈꿉니다.

작은 숲을 가꾸는 손길이 곧 우리 마음을 돌보는 일임을, 그리고 생명의 소중함을 알아가는 과정이 우리 자신을 사랑하는 아름다운 여정임을 이 책을 통해 함께 느낄 수 있다면, 플로리스트로서 걸어온 제 삶의 보람이 이보다 더 클 수는 없을 것입니다. 테라리움의 작은 자연의 세계가 전하는 고요한 울림이 더 넓은 세상으로 따뜻하게 퍼져나가기를 염원하며, 이 길을 택한 지난날들이 후회 없이 아름다웠음을 조용히 되뇌어봅니다.

이 소중한 결실이 맺히기까지, 아낌없는 사랑과 지지로 저를 지켜주신 가족과 동료들, 함께 애써주신 공동 저자분들, 그리고 늘 따뜻한 격려와 가르침을 주신 모든 분께 제 모든 감사함을 전합니다. 더불어, 제 글에 생명을 불어넣어 주신 출판사 모든 관계자분들과 세심한 손길로 귀한 작업을 완성해 주신 편집자님께도 진심으로 감사드립니다.

그리고 지금 이 책을 펼쳐주실 사랑하는 독자 여러분께, 이 모든 진심과 지난 세월의 보람이 온전히 닿기를 바라며... 고개 숙여 깊이 감사드립니다. 여러분의 따뜻한 관심이 이 책 속에 살아 숨 쉬는 작은 생명들에게도 온기를 전해줄 거라 믿습니다. 비록 한 권의 책으로 맺어진 인연이지만, 책 속의 이야기가 영원히 함께할 수 있기를 소망합니다.

저자 **전미현**

감사의 글: 셋

선물 받은 책 한 권으로 인해 일상의 변화를 경험해 보신 적이 있으신가요?

코로나 팬데믹으로부터 완전히 자유로워진 초여름 날 이었습니다. 지인으로부터 『이끼와 함께』라는 책을 선물 받은 것을 계기로, 본서의 한 섹션(section)을 집필하게 되는 영광을 얻게 되었습니다.

책을 낸다는 설레는 일은 제게 처음 있는 일이었습니다. 비록 공동 저자의 한 사람으로 참여한 것이지만, '저자'라는 이름이 이렇게 설레고 떨리는 기쁨 일 줄은 미처 몰랐습니다.

머리말을 쓰는 과정에서는, 소설 "노인과 바다"의 첫 장을 200번 넘게 고쳐 썼다는 어니스트 헤밍웨이의 일화가 나를 좀 더 진지하게 했고 깊은 울림으로 다가왔습니다.

제가 맡은 부분의 원고를 써 내려가며 첫 문장을 타이핑할 때나, 마지막 마침표를 찍을 때마다 "과연 오류는 없을까, 부족하지는 않을까?" 하는 자문과 함께 외국 서적을 뒤져보기도 하고 이끼를 실제로 열악한 조건에 내던져보기도 하면서 개인적으로 더 성장하는 시간이었습니다.

어느 정도의 부담이 있을 때마다 저를 믿고, 격려해 주신 공저자 분들께 다시 한번 감사드립니다.

바쁘신 와중에도 기꺼이 원고를 검토해 주시고 소중한 의견을 더해 주신 공동 저자 선생님, 특히 테라리움에 대한 열정과 애정, 그리고 세심한 관찰력으로 이 책에 깊이를 더해주신 사진작가 윤혜영 선생님께도 각별한 감사의 마음을 전합니다.

또한, 때로는 전지적 독자 시점에서 아낌없는 조언을 건네주신 김희영 선생님께도 진심으로 감사드립니다. 무엇보다 "잘하고 계세요"라는 짧고 따뜻한 말 한마디로 마음을 다독여 주신 가까운 분들께, 이 자리를 빌려 다시 한번 감사의 인사를 드립니다. 그 따뜻한 마음과 응원의 힘이 있었기에 저는 또, 한 걸음 더 내디딜 수 있었던 것 같습니다.

당연히 제가 맡은 섹션(section)도 저 혼자의 힘으로 완성된 결과물은 아닙니다. 강의와 수업으로 눈코 뜰 새 없이 바쁜 선생님들의 지도와 협업으로 나눈 시간이 있었기에 가능했습니다. 돌이켜보면 그 시간 들은 제게 크나큰 성장의 시간이었고 응원과 믿음이 함께 만들어준 결과이면서 제 개인에게는 또 영광의 시간이기도 했습니다. 진심으로 감사드립니다.

그리고 앞으로도 따뜻한 시선으로 지켜봐 주시기를 바랍니다.

저자 **한성용**

| 참고문헌 |

Part 1 초록 우주, 테라리움을 이해하다

- 관수·습도 농진청, 블로그 경험, 인간식물환경학회 설문
- 광·조도 관리 농진청, 국립원예특작과학원, 블로그 사례
- 용토 구성 구조 농진청, 국립원예특작과학원
- 통풍·환기 관리 농진청, 국립원예특작과학원
- 병해충·병 발생 처리 농진청 웹 가이드 기반 예방 권장
- 도구 사용 및 작업법 국립원예특작과학원 가이드
- "우산이끼의 생태에 관한 연구"(학위논문) – 테라리움 소재로 사용되는 이끼류의 생육환경, 토양·수분·광 조건 분석
- "생태담론의 연원적 고찰" – 에른스트 헤켈 등 생태학 개념 형성 배경
- "플랜트아트와 테라리움 기법의 융합 예술 창작 연구"(2024) – 테라리움 접근의 예술적, 생태적 확장 사례
- 한왕모. (2024). 바이오필리아 개념의 철학적 이해를 통한 바이오필릭 디자인의 방향성 재고
- 상품문화디자인학연구, 79, 243 – 257
- 윤여희, & 이재규. (2018). 치유환경에서 추모공간에 적용된 바이오필릭 디자인에 관한 연구
- 한국공간디자인학회 논문집, 13(2), 93 – 106
- 김종우 외. (2020). 생태 원예 기반 실내 정원 체험이 초등학생의 생명 존중 태도에 미치는 효과
- 대한원예치료복지학회지, 30(4), 23 – 34

- 정혜경 외. (2018). 폐쇄형 테라리움을 활용한 초등학교 환경교육의 효과. 환경교육, 31(2), 71 - 86
- Brockway, L. H. (1979). Science and colonial expansion: The role of the British Royal Botanic Gardens. American Ethnologist, 6(3), 449 - 465

Part 2 녹색결, 이끼를 이해하다

- 방에서 즐기는 "작은 이끼의 숲" -이시카와 히데사키 저
  『部屋で育てる "小さな苔の森" -石河英作著
- 방에서 키우고 즐기는 이끼 테라리움 만드는 방법 -이시카와 히데사키 저-
  部屋で育てる 魅せる苔テラリウムの作り方
- 이끼와 함께 -로빈 월 키머러 지음 한인해 옮김
- 선태식물 관찰도감 -국립생물자원관 지음
- 실내에서 이끼키우기

https://floristry.co.kr

내 마음을 치유하는
테라리움 교과서
©2025 임순옥, 전미현, 한성용, 윤혜영

1판 1쇄 발행 2025년 10월 31일

글 임순옥, 전미현, 한성용 | **사진** 윤혜영
편집 허진 | **디자인** 이혜리
펴낸이 허진 | **펴낸곳** 레시픽 | 등록 2017년 4월 20일(제2017-000044호)
주소 서울시 중구 삼일대로4길 19, 2층 | **전화** 070-4233-2012
이메일 reseepics@gmail.com | **인스타그램** instagram.com/reseepic

ISBN 979-11-90753-27-2 13630

이 책은 저작권법에 따라 보호받는 저작물이므로,
저작자와 출판사 양측의 허락 없이는 일부 혹은 전체를 인용하거나 옮겨 실을 수 없습니다.